ぼくは13歳 職業、兵士。

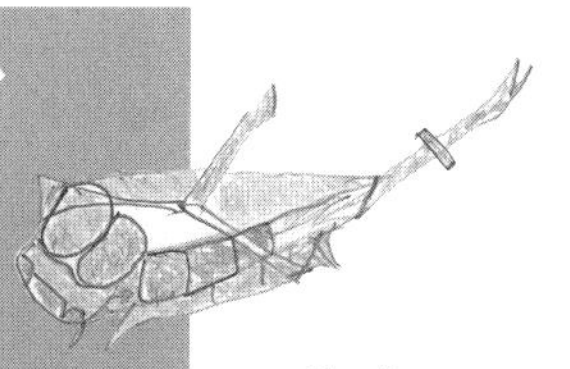

あなたが戦争のある村で生まれたら

鬼丸昌也＋小川真吾——著

認定NPO法人テラ・ルネッサンス創設者

認定NPO法人テラ・ルネッサンス理事長

合同出版

【子どもたちは、私たちすべての未来】

子どもたちがどのように生きていくかが、
人類の文明全体を決定する。
子どもの権利がどのように守られるかが、
私たち自身の未来を決定する。

イングバル・カールソン（元スウェーデン首相）

装幀＝守谷義明＋六月舎
レイアウト＝石田　亘

日本のみなさまへ

国連平和大使　ジェーン・グドール*

この本は、子どもたちが直面している深刻な問題について書かれています。毎年50万人、毎分1人の命が小型武器によって失われています。とくに小型武器を持たされ兵士として戦わされてきた子ども兵の問題は深刻です。

たとえそれがどんなに困難で恐ろしい問題だとしても、今の時代が抱えるこの絶望的な問題を、まず理解することが大切です。もし、若い世代の人びとが、この現状から目を背けず、何が起こっているのかをよく学び、理解したときはじめて、私たちに何ができるか未来への希望が見えてくるのです。そのために大切なことがこの本には書かれています。

子ども兵として戦ってきた子どもたちの心の傷は、その子どもたちと接することのない人びとにとってはまったく理解しがたい悲惨なものですが、同時に、モノが溢れる現代社会のプレッシャーの中で、何が価値あるモノなのかを見失ってしまった先進国の子どもたち、心に傷を負いイジメや自殺に追い込まれる日本の子どもたちの現状もまた悲惨なものでしょう。

紛争地であれ先進国であれ、これらの子どもたちは生きる意味を見つけられず、暗闇の中で埋もれているのです。

しかし、今、日本の人びとが始める一つ一つの取り組みには大きな意味が

■ジェーン・グドール　©David S. Holloway

『もし、若い世代の人びとが、この現状から目を背けず、何が起こっているのかをよく学び、理解したときはじめて、私たちに何ができるか未来への希望が見えてくるのです。そのために大切なことがこの本には書かれています。』

あります。どんな小さな行動でもウガンダなどの元子ども兵が社会復帰するための大きな力になります。そして、何より、世界には日本よりさらに厳しい問題に直面している子どもたちがいることを知ることで、行動を起こした日本の子どもたち自身にとっても大きな希望となるでしょう。

問題は深刻であっても、この本は希望を見い出すための本です。二人の若い筆者は小型武器と子どもたちが抱える暗くきびしい問題の解決に向けて実際に取り組んでいるNGOの活動家でもあります。

未来を変える鍵を握っているのは若者たちです。一人一人の持つ力には無限の可能性があります。誰もが世界を変えるためにその人にしかできない大切な役割を担っているのです。本書をきっかけに一人でも多くの人が未来への希望を見出すことを願っています。

＊2002年から国連平和大使を努める。野生動物の研究と保全、動物の福祉、環境教育と人道教育をおこなう「ジェーン・グドール・インスティテュート」の創設者。

――ウガンダの子ども兵からのメッセージ

ぼくは2人の人間を殺した。
AK47と呼ばれる小型武器で。

小型武器とは、
ぼくたち子どもでも扱える小さくて軽い武器のことだ。

でも、この武器はぼくらの国では作っていない。
ぼくが使っていた武器は外国から入ってきたものだった。

ぼくらのことを

チャイルドソルジャー（子ども兵）

と人は呼ぶ。

小型武器を持って戦う兵士だからだ。

でも、２年前までぼくはふつうの子どもだった。

家族がいて友達がいて幸せに暮らしていた。

ある日、大人の兵士が村にやってきてぼくを連れ去った。

ぼくはその日から兵士になった。

ぼくは人の殺し方を教え込まれ、

戦場で戦った。

逃げようとした友達は大人の兵士に耳を切り落とされた。
ぼくの目の前で友達が殺されていった。
女の子は大人の兵士に乱暴された。
怖かった。

家に帰りたかった。
お母さんに会いたかった。

運よく、ぼくは大人の兵士がいないときに
軍隊から逃げ出すことができた。
村に帰ってきたが、友達は誰もいなかった。

ぼくはみんなに「人殺し」といわれ、
学校ではいじめられた。
家族や親戚からも怖がられ、
前みたいな幸せは戻ってこなかった。
悲しかった。
寂しかった。
あるのは絶望だけだった……。
ぼくは何度も死のうと思った。
そして、何度も何度も自分自身に問いかけてみた。

ぼくは何のために生まれてきたのか?
ぼくはなぜ生きているのか?
ぼくに生きる価値はあるのか?
ぼくにできることはあるのか?
「もし、ぼくに何かできることがあるなら、
ぼくには生きる意味がある」
ぼくはそう思った。
ぼくに何ができるか?
「ぼくとおなじ悲しみを、
子どもたちに体験させたくない」

ぼくはそう思った。
ぼくには紛争の「悲しみ」を伝えることができる。
ぼくには平和の「喜び」を伝えることができる。
ぼくには、ぼくにしかできないことがある。

今、ぼくは先生になってそのことを
伝えていこうと思っている。
ぼくの夢は学校の先生になること。
むずかしいかもしれないけど、
あきらめず夢を追っていきたい。

＊元子ども兵がぼくたちに語ってくれた話（２００４年、グル市聞き取り調査より）

第1章　ぼくらがウガンダで出会った子ども兵

チャールズ君との出会い

2004年3月、ぼくたちはNGOの調査活動でウガンダ北部のグルという町を訪れました。そこで信じられない話を聞きました。元子ども兵たちのリハビリ施設グスコ*でのことでした。

「ぼくはお母さんの腕を切り落としました……」そういって、話し始めたのは細身で鋭い目をした、チャールズ君（仮名）でした。彼は子ども兵として、政府軍と戦っていました。あとで紹介しますが、チャールズ君が「神の抵抗軍」という反政府軍に誘拐され、兵士になったのは4年前、12歳の時のことでした。

「ぼくには家族がいてふつうに暮らしていました。ある日、お母さんが隣村まで用事で出かけました。ぼくはお母さんの帰りが待ちきれず、隣村に迎えに行きました。その途中で、銃を持った兵士たちに囲まれ、反政府軍の部隊

＊グスコ（GUSCO：Gulu Support the Children Organization）
　1994年に設立され、ウガンダ政府軍によって解放された元子ども兵のためのリハビリ施設。50人ほどを収容し、身体的ケア、伝統的なダンスや音楽を通じた精神的なリハビリ、職業訓練を通じて、元子ども兵の社会復帰を実現する支援活動をおこなっている。

に連れて行かれたんです。数日してからでした。大人の兵士たちは、ぼくを村まで連れてくると、お母さんを前にしてこう命令しました。

『この女を殺せ！』

ぼくのお母さんを銃の先でこづきました。怖くて怖くて仕方がありませんでした。もちろん、『そんなことできない』といいました。そうすると、今度は鉈《なた》を持たされ、『それなら、片腕を切り落とせ！　そうしなければお前も、この女も殺す!!』。

ぼくはお母さんが大好きでした。恐ろしくて手がふるえ、頭の中が真っ白になりました。とにかく、お母さんもぼくも、命だけは助けてほしいと思いました。ぼくは手渡された鉈《なた》をお母さんの腕に何度もふりおろしました。手首から下が落ちました。そのあと棒をわたされ、兵士は『お母さんを殴《なぐ》れ』と命令しました。ぼくはお母さんを棒で殴りました。

お母さんは気を失っただけで、命は助かりました。ぼくはそのまま、大人の兵士に部隊へ連れて行かれ、これまでの3年間、兵士として戦ってきました」

そう語る、チャールズ君の目はうつろで、顔の表情はまるでロウ人形のよ

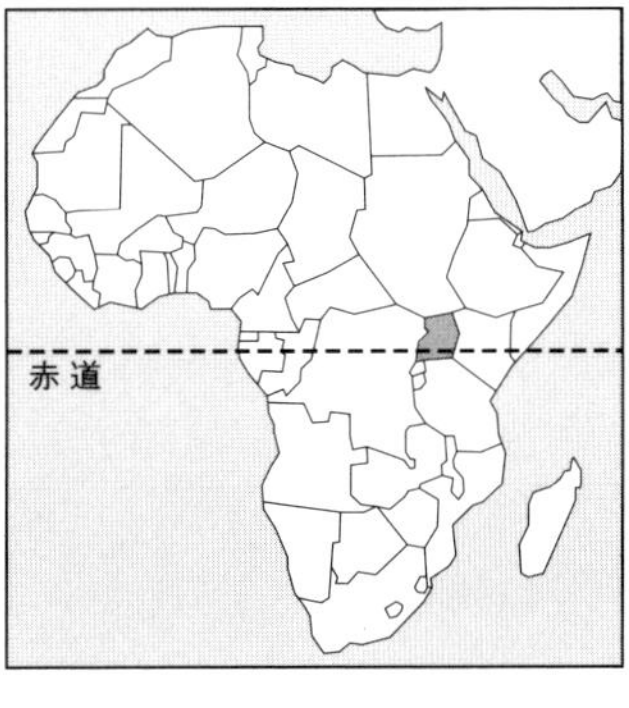

東アフリカの赤道上にあるウガンダ

ウガンダの首都カンパラと北部の都市グル

うに硬直していて、今もまだそのときの恐怖を感じているようでした。彼に「今、一番何がしたい？」と聞くと、「学校に行きたい」と答えました。しかし、すぐあとに「でも、ぼくは学校に行けない」といって、こう続けました。

「ぼくは、2週間前にお母さんに会ってきました。片腕を失ったお母さんは前よりもずっとやせ細っていて、元気がありませんでした。それでもお母さんはぼくにやさしく『軍隊の中でどんなつらいことがあったの？』とたずねてくれました。でもぼくは、お母さんの姿を見ていて、ただただ悲しくて、つらいだけでした。ぼくはもう前とおなじようにお母さんの愛を感じることはできませんでした。お父さんも病気で、今は仕事もできない。だから、ぼくには学校に行くお金

元子ども兵、16歳のチャールズ君（仮名）

もないし、ぼくには何もない、……もう絶望しか残っていない……」

今、グル市の近くの村で母親の知り合いに引き取られているチャールズ君がそう話してくれました。

ぼくたちはこのアフリカのウガンダという国で大勢の子ども兵に出会って、16歳になるチャールズ君の体験が特殊なケースではないことを知りました。ウガンダという国には、このチャールズ君とおなじように、子ども兵として武器を持たされた子どもたちが何万人もいたのでした。

なぜ「母親の腕を切らせる」などという想像もできないほど残酷なことを子どもに強制するのか、子どもがなぜ、最前線で戦わされるのか？　ぼくたちは子ども兵と小型武器の問題の根の深さをここウガンダで知ることになりました。

現在もウガンダでは、北部を中心に活動をしている「神の抵抗軍」（ＬＲＡ）と呼ばれる反政府軍と政府軍の間で争いが続いています。もう20年以上になりますが、チャールズ君のような子どもたちがその戦いの前線で兵士と

ウガンダ北部の町、グル市の様子。一見平和そうに見えるが、この町周辺の村々では今も激しい戦闘が続いている

して戦わされてきました。これまで「神の抵抗軍」と呼ばれる反政府軍に拉《ら》致《ち》された子どもの数は6万6千人にもなるといわれ、そのうち少なくとも5000人以上が行方不明だといわれています。この「神の抵抗軍」の多くは17歳以下の子どもたちで構成されていることから「子どもの軍隊」と呼ぶ人もいます。

実際に帰還した元子ども兵らによると、一時期では、部隊の9割以上が子ども時代に誘拐された兵士によって構成され、多くの子ども兵が司令官として作戦の指揮を取っていたそうです。

神の抵抗軍（LRA）

ウガンダの反政府軍である「神の抵抗軍」が生まれ、一定の勢力を維持している背景には、イギリスの植民地時代から続く北部と南部の対立、国外からの武器の流入や周辺の国からの政治的な圧力などさまざまな要因が絡み合っています。

ウガンダは、1962年に独立しましたが、それまでこの国を植民地にしていた宗主国《そうしゅこく》イギリスは、南部の人びとには教育の機会を与えて、公務員などのエリート職につかせ、それなりの暮らしを保障してきました。一方、北部のアチョリ族の人びとには主に軍隊の仕事を与え、政治的な取り決めをおこなう際にも北部の意見は取り上げようともしませんでした。

そうです。宗主国イギリスは北部と南部を分断統治《ぶんだんとうち》してきたのです。その支配の方法がウガンダ国民が一緒になって宗主国に刃向かったり、要求することを押しとどめてきました。北部は南部に比べとても貧しい暮らしを強いられてきたことから、北部の人びとの怒りは、イギリスとともに南部の人びとにも向けられました。この分断統治のやりかたは、多かれ少なかれどこの植民地でもおこなわれてきたことです。

イギリスから独立後、南部が中心になった政府に抵抗する反政府軍が生まれたのは、貧しく虐《しいた》げられてきた北部アチョリの地からでした。北部の人びとのはげしい不満は武器をとって戦うまでになっていました。下の年表を見るとわかるように、イギリスから独立後、ウガンダでは度重なる軍事クーデターで政府がめまぐるしく変わります。85年には北部のアチョリ族出身の軍人、オケロが政権を奪いますが、ほんの数カ月で、ムセヴェニが率いるNR

●ウガンダでの出来事

1962年	イギリスの植民地から独立
1963年	共和制移行
1966年	オボテ首相によるクーデター（オボテ大統領就任）
1971年	アミン少将によるクーデター（アミン大統領就任）
1979年	アミン失脚（ルレ大統領就任）
1979年	ルレ失脚（ビナイサ大統領就任）
1980年	オボテ大統領に復帰
1985年	オケロ将軍（北部出身）によるクーデター
1986年	ムセヴェニ（南部出身）によるクーデター、ムセヴェニ大統領に就任。北部で反政府ゲリラが結成される。「神の抵抗軍」もそのひとつ。
1996年	大統領・国会議員選挙。ムセヴェニ大統領。
2001年	ムセヴェニ大統領再選（3月）
2001年	国会議員選挙（6月）

出典：外務省HP

A（現在の政府軍）に政権を奪われます。アチョリ出身者たちは北部に逃げ、それ以降、政府は北部の人びとをしばしば虐《しいた》げてきました。

そんな国の状況のなか、アチョリ族の女性予言者アリスが霊的啓示《れいてきけいじ》を受けたとして名乗りをあげ、ムセヴェニ政権を倒すことを誓って、カルト宗教的な反政府組織を結成したのです。そこに参加したアリスの親族であったジョセフ・コニーという男によって「神の抵抗軍」が組織されます。

このように現在、反政府軍として無差別に子どもたちを誘拐し、兵士に仕立てるなどの残虐行為を繰り返している「神の抵抗軍」の出現には、イギリス植民地時代から続く南北対立などの歴史的要因が深く関わっているのです。

さらに、「神の抵抗軍」がその勢力を維持できる背景には、武器や資金の提供をおこなう国外の反ウガンダ政府勢力の存在や、ウガンダの内紛を長期化させることによって、政府軍・反政府軍の両方に武器を売って利益を得ている国際的な武器密輸グループ、政治的な影響力を及ぼしてウガンダでの権益《けんえき》を確保しようとする外国の勢力などの存在があります。これらの存在がウガンダの国内紛争の解決をいっそうむずかしくしています。

ナイトコミューター（夜の通勤者たち）

ぼくたちは、ウガンダ北部のグル市で「ナイトコミューター」と呼ばれる不思議な現象を目撃しました。ナイトコミューターというのは英語で「夜の通勤者」という意味ですが、この名前の通り、夜になると周辺の村々から子どもたちが、ぞろぞろと市の中心街にやって来るのです。その数は、なんと4000人、多いときには6000人以上になるというのです。

グル周辺の村々には、さきほどのチャールズ君のように子ども兵として拉《ら》致《ち》された子どもたちがたくさんいます。村の子どもたちは、誘拐されないかと怯《おび》えながら毎日を過しているのです。とくに夜は「神の抵抗軍」が村を襲《おそ》う不安から、安心して家で眠ることもできません。

実際、夜になると周辺の村々から子どもたちは、安全な市の中心部にやってきて、テントや軒下で身を寄せ合って眠りにつきます。まるで難民の子どもたちが大量に逃げ込んでくるような光景でした。そして早朝には、この数千人の子どもたちがいっせいに自分の村に帰っていきます。10キロも離れた遠い村から来ている子どももいます。遠い道のりを毎日往復しているのです。

誘拐を恐れ、毎晩避難してくる子どもたち

まさに、私たちが毎朝、会社・学校に通うように、子どもたちは夜、「安心して眠るため」に市の中心街にやって来るのです。でも、彼らには電車も靴もなく、裸足で何キロも歩かなければなりません。さらに土曜も日曜も祝日もありません。毎日、毎日、夜の通勤を続けなければなりません。それがもう20年近くも続いているのです。

夜ごと、不安に怯《おび》えて安全な寝場所を求めてやって来るこの「ナイトコミューター」の存在が、誘拐され、兵士にされる子どもたちの切迫《せっぱく》した状況を物語っていました。そして、ぼくたちは、実際に兵士として戦ってきた元子ども兵たちと接触し、彼ら、彼女らの体験を聞くこととなりました。

元子ども兵のリハビリ施設

２００４年３月、ぼくたちはグル市で、元子ども兵を収容しているグスコとワールドビジョン*の２カ所のリハビリ施設を訪ねました。２つの施設に４００人以上の子どもたちが収容されていました。そこで、子どもたちが過去にどのような体験をし、今どんな状況にあるのか、施設ではどのようなケア

＊ワールドビジョン（World Vision）：国際的なNGOワールドビジョンが運営するリハビリ施設。95年設立。ウガンダ政府軍によって解放された元子ども兵のためのリハビリ施設の一つ。精神的なリハビリ、職業訓練（自転車修理、刺繍など）を通じて、元子ども兵の社会復帰を実現する支援活動を実施している。個人カウンセリング、グループカウンセリングなどの手法を取り入れ、和解、非暴力、友情などのテーマでワークショップをおこない平和教育にも力を入れている。

オルニさんと筆者たち（ワールドビジョンにて）

をおこなっているのかの説明を受けました。

ワールドビジョンの責任者、オルニさんは施設内の壁に飾られた子どもたちの絵（23、30、31ページ）を指差しながら、こう説明してくれました。

「平和に暮らしていた村にゲリラがやってきて子どもたちを拉致《らち》し、連れ去ります。その際、家を焼かれたり、ひどい場合は両親を殺されたりします。無理やりに連れ去るのです。

そして、『神の抵抗軍』では、暴力によってコントロールされ、軍隊の一員として戦わされます。女の子は性的な虐待《ぎゃくたい》を受け、無理やり大人の兵士と結婚させられ、妊娠することもあります。

運よく逃げ出すことができた子どもは、まず政府軍の施設に保護され、いくつかあるリハビリ施設に振り分けられ収容されます。しかし、逃げ出してきた子どもは、何日も飲まず食わずの状態で、栄養失調で衰弱していたり、何十キロも裸足で歩き続け、足の裏はボロボロ、体にもキズを負っています。まずは休息させ、食べ物と衣服を与えて、身体的な治療をおこないます。

多くの子どもは、精神的にも深い傷を負っています。ほとんどの子どもは

村が襲撃され、子どもたちが子ども兵として駆り出される

この施設にやってきたとき、大人への不信感から心を開かず、ほとんどしゃべりません。心の傷を癒《いや》せるような精神的なリハビリやカウンセリングをおこなっていきます。
そして、子どもたちがこの施設を出て、故郷の村に帰ることができるように、自転車の修理技術、大工仕事、ミシンの扱い方などを教えています。子どもたちが生まれ育った村へ帰って、自分で生活できるようさまざまな取り組みをしていますが、実際には、すべてがスムーズにいくわけではなく、たくさんの問題や困難を抱えています」

オルニさんはぼくたちの質問に一つ一つていねいな説明をしたあと、子どもたちの社会復帰のむずかしさを率直に打ち明けました。

リハビリ施設グスコの元子ども兵

もう一つのリハビリ施設、グスコには２００人以上の子どもたちが収容さ

元子ども兵の現状を語る責任者のジュリアス氏（グスコにて）

れていました。体育館ほどの大きなテントが男の子用と女の子用に2つ建てられ、それぞれに二段ベッドが50～100個並べられ、子どもたちがひしめき合うように生活をしていました。リハビリ施設というより、まるで難民キャンプのような雰囲気でした。

元子ども兵たちが生活する殺風景な施設の寝室

グスコの責任者ジュリアスさんは、「子どもたちから直接、話を聞いて、子どもたちの抱える問題の深刻さと、リハビリのむずかしさを知ってほしい」といって、ぼくたちを施設の中に案内してくれました。

施設にいた子どもたちの第一印象は、「目が死んでいる……」というものでした。チャールズ君（16ページ参照）とおなじように、顔から表情が消え、目の焦点が定まっていなかったり、じっと遠くを見詰めていたり、鋭い目つきでこちらをにらんでいたりと……。ロウ人形のようで、とても子どもの表情とは思えませんでした。これが偽《いつわ》らざるぼくたちの感想でした。

そんな子どもたちが少しずつ、自分が体験してきたこと話してくれました。現地のNGOスタッフがアチョリ語から英語に通訳をしてくれました。

ジャクリンさんの体験
——友達が殺されることの悲しみ（仮名／23歳／女性）

私は10年前（1994年）のある日、夜8時ごろ、寝ているときに「神の抵抗軍」に襲われて誘拐されました。13歳のときでした。それ以来、兵士として9年間戦ってきました。その間に、大人の兵士と無理やり結婚させられて、部隊の中で子どもを産みました。私は赤ちゃんを抱えたまま、雨の日もスーダンまで何十キロもの道のりを部隊とともに移動しなければいけませんでした。途中で「疲れた」といったり、「お腹が減った」というと、上官に殴られ無理やり歩かされました。私

9年間少女兵として戦い、結婚させられたジャクリンさん（仮名）

が一番怖かったことは、私とおなじように、小さな子どもを連れた少女兵の友達たちが、何人も殺されていったことです。行軍の途中で歩けなくなったり、衰弱してしまった友達たちは上官に殺されました。置き去りにすると敵につかまって、部隊の場所や人数を漏らすかもしれないという理由で、みんな殺されるのです。私の知っているだけでも約100人の仲間や、その子どもたちが殺されました。

アンナさんの体験

――銃を持たせてもらえなかった少女兵（仮名／16歳／女性）

私は2年前（2002年）の夜7時ごろ、家にいるときに誘拐されました。そして、私たちは政府軍との戦闘で、大人の盾になるように、危険な前線で戦わされました。男の子は部隊に入って数カ月すれば自分の銃を渡してもらえますが、女の子はなかなか銃を持たせてもらうことができませんでした。敵の銃声が聞こえると私は、怖くて怖くてたまりませんでした。一番怖かったことは、仲の良かった何人もの友達が敵に撃

殺された仲間の顔が忘れられないと語る元少女兵のアンナさん（仮名）

たれて殺されていったことです。今もその子たちが夢に出てきて怖くてよく眠れません。そして、上官からは「部隊から逃げ出すと政府軍に殺されるぞ！」と教え込まれていたので、怖くてなかなか、部隊から逃げてくることができませんでした。

マリーさんの体験
――小型武器があるかぎり私たちに平和はもどらない（仮名／21歳）

私は1996年に、反政府軍に誘拐されました。13歳のときでした。それから私は8年間、武器を持たされ兵士として戦わされてきました。目の前でたくさんの友達が銃を撃ち合って殺されたり、傷ついたりしました。そして、私は無理やり大人の兵士と結婚させられ子どもを出産しました。その子が今1歳になります。将来この子には医者になってほしいと思っています。そして、戦闘で傷ついた子どもたちを治療できる人になってくれたらと願っています。でも、それ以上に私が願っていることは、もうこれ以上、この国に小型武器を増やさないでほしいということ

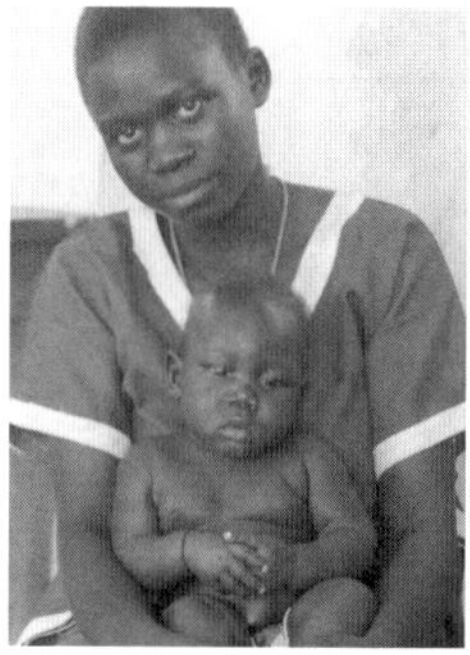
もうこれ以上武器を増やさないでほしいと訴えるマリーさん

とです。なぜなら、いくらお医者さんが増えて子どもたちを治療できても、子どもでも扱える小型武器があるかぎり、子どもは誘拐され続けると思うからです。そして私たちが使っていた小型武器は外国から入ってきたものなのです。だから、もうこれ以上、小型武器を私たちのところへ持ってこないでほしいのです。私はいつか、今も反政府軍の兵士として戦っている夫が武器を捨てて、村に帰ってきて、この子と３人で平和に暮らしたいと思っています。

オケロ君の夢は学校の先生になること

12歳のオケロ君（仮名）は、ぼくたちにこんな話をしてくれました。

「ぼくは、リラ地区で誘拐されました。そして、部隊に連れて行かれて、大人たちは、ぼくに銃を持たせ『人を殺してこい！』と命令しました。そして、ぼくは無抵抗の男性と女性を銃で射殺しました」（そういってオケロ君は泣き出してしまいました。隣にいたＮＧＯスタッフが肩を抱きかかえ、ただじ

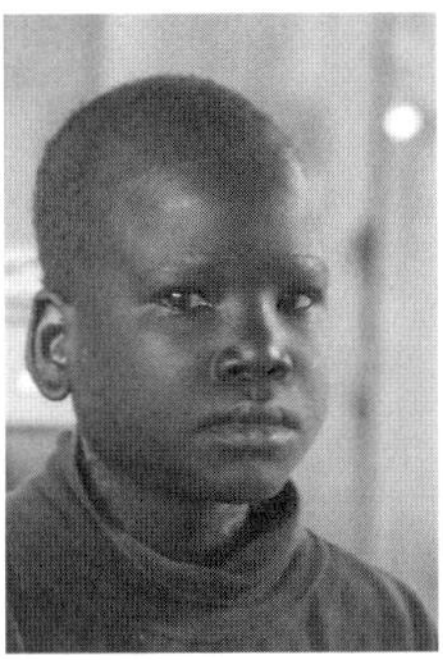

ぼくの夢は学校の先生になることと語るオケロ君（仮名）

っと黙ったまま彼が泣き止むのを待っていました）。

しばらくすると落ち着き、オケロ君はふたたび顔を上げ、話し始め、「ぼくは学校の先生になりたい」といいました。その理由を聞くと、こう答えました。

「ぼくは、学校の先生になって、算数とか理科を教えたいんじゃなくて、子どもたちに『よりよい未来をつくっていくことの大切さ』を教えたいんです。ぼくが体験したようなことを子どもたちが体験しなくてもいいような国をつくっていきたい」

涙を拭きながらそう語るオケロ君の瞳は、12歳の子どもとは思えないほど力強く、少し前まで銃を持って戦っていた兵士とは思えないほどのやさしさを感じました。そして、こんな絶望的な状況でも未来への希望を持ち続け、自分の夢を語ろうとするオケロ君の姿を見ていて、「どんなに絶望しても、人間には変わる力がある」、ぼくたちはそう感じました。

「この子たちの体験は、ほんとうに氷山の一角です。彼ら、彼女たち以外にも信じがたい残酷な体験を強《し》いられてきた子どもたちがたくさんいます。自

軍隊に保護される子ども兵

分の親を殺すよう命令され、実際に自分の親を殺した子どももいます。多くの子どもたちが自分の村の襲撃に参加させられ、略奪や焼き打ちをおこなっています。子どもたちに故郷の村で残虐行為をさせることで、部隊から村に逃げ帰れないようにしているのです。

そんな過酷な体験をしている子どもたちに、本来の子どもらしい笑顔を取り戻してもらうことは、そんなに容易なことではありません。実際に、いくらリハビリやカウンセリングをしても絶望しか感じないこともあります。ましてや、この子たちが、故郷の村に帰り、地域の人びとに受け入れてもらうことはさらに困難なことです」

一日中、子どもたちの話を一緒に聞いてくれたスタッフのサラさんは、子どもたちのすさまじい体験にすっかり気が沈んでしまったぼくたちを見て、このように続けました。

職業訓練を受ける元子ども兵たち

子どもに笑顔が戻ることを信じること

「でも、ここで働く私たちはあきらめてはいません。必ず子どもたちに笑顔が戻ることを信じています。リハビリをする私たち自身が、そう信じなければ子どもたちが立ち直ることはできないのです。ここに収容されて来たばかりの子どもは大人を怖がります。言葉も発せず、顔も硬直《こうちょく》して表情がありません。でも、あきらめずにこの子たちと毎日接していると、一瞬ですが笑顔を見せてくれるようになります。最初は一週間に一度しか笑顔を見せることができなかった子どもが、３日に一度笑えるようになり、そして毎日、笑顔を見せることができるようになるのです。大切なことは『あきらめない』ということなのです」

サラさんや子どもたちの話を聞き終わって中庭に出ると、チャールズ君の姿を見かけました。どうやら彼が話している相手は、新しくこの施設に入ってきた元子ども兵のようで、この子に施設のことなどを説明しているようで

子どもに笑顔が戻ることを信じることが大切だと語るスタッフのサラさん。手前 小川、奥 鬼丸（グスコにて）

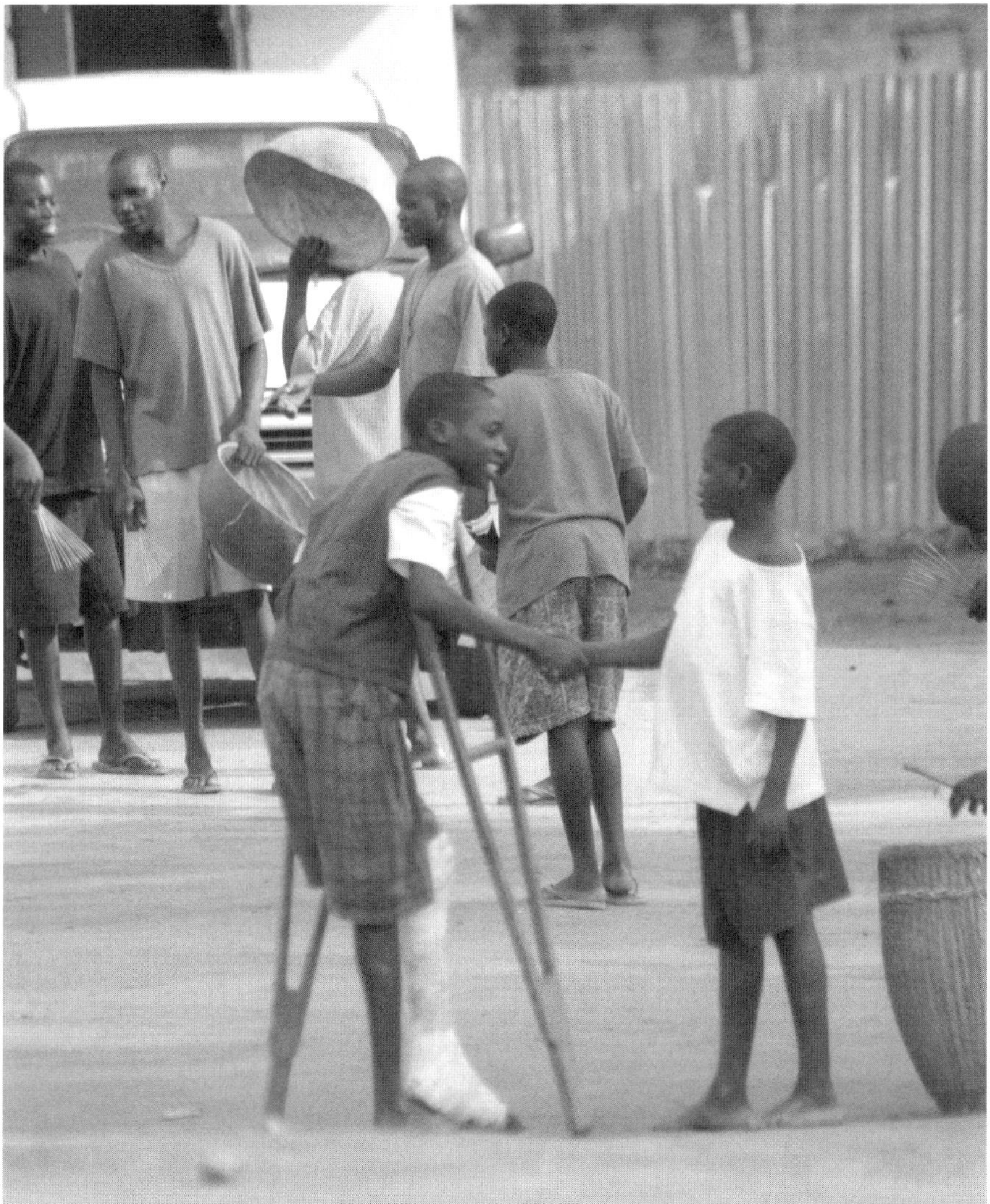
一瞬の笑みを浮かべていたチャールズ君

『チャールズ君のほほ笑みで
ぼくたちは勇気づけられた。
大切なことは「あきらめない」こと。』

した。ぼくたちに体験を語ったときのうつろで、まるでロウ人形のように硬直した表情は消え、別人のような笑顔をときどき浮かべていました。相手の子どもも、自分とおなじような辛《つら》い目にあったチャールズ君には心を開いているようでした。ぼくたちは、その様子を見て胸にあついものが込み上げてきました。

ここウガンダでぼくたちが見聞きした子ども兵の話は、あまりにも絶望的なものでした。しかし同時に、サラさんのように、子どもたちへの支援をあきらめずに続ける人たちにも出会えました。そして何より、その絶望的な境遇《きょうぐう》に負けず、立ち直ろうとする元子ども兵たちの姿は、今もここで支援活動を続けているぼくたちに、かぎりない勇気と希望を与えてくれています。

第2章　武器を持たされた30万人の子ども

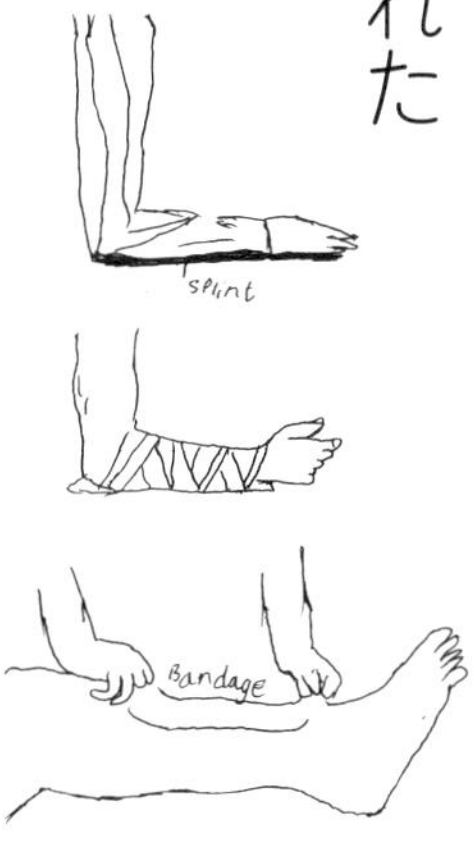

子ども兵は「見えない兵士」

子ども兵が存在する国はウガンダ*だけではありません。世界約85カ国で50万人の子ども兵が確認されています（Child Soldiers Global Report 2001）。

また、ゲリラ軍などの反政府組織だけでなく、多くの政府軍でも子どもが兵士として使役《しえき》されています。なかでも、アジア、アフリカ、中東、中南米などの紛争地域で、武器を持って戦っている子ども兵の数は30万人以上と推定されていますが、その正確な数はだれにもわかりません。

子ども兵の実態がわかりにくい理由は、つぎの3つがあげられます。

①前線や地雷原など、危険地域での戦闘に参加させられ、戦死するケースが多いこと。
②背丈《せたけ》のような身体的な特徴では、大人と区別できない場合があること。
③ほとんどの子どもたちが「出生証明書」を持っていないので、実際の年齢が不明であること。

このような理由で、子ども兵の実際の人数がわからないのです。子ども兵

*ウガンダでの現地調査では、最低年齢5歳の子どもを含む数千人の子ども兵が報告されている（『世界の子ども兵』新評論、２００２年）。

問題に関わっている世界中の団体や研究者が各国の実情を調査していますが、その調査でわかった数以上の子ども兵が存在すると考えられています。

それゆえに、子ども兵は、「見えない兵士」と呼ばれています。

どうして子どもたちは兵士にされるの？

子どもが兵士として徴兵されていく過程には大きく分けて２つあります。

①強制的に徴兵される

無理やり兵士にされていくパターンです。ウガンダの「神の抵抗軍」のような反政府軍に誘拐されて兵士にさせられる場合、あるいは政府軍によって強制的に徴兵されることもあります。子どもが兵士として狙われる理由の一つは、「子どもは純粋」だからです。指揮官や大人たちの指示に従順に従う子どもたちは、洗脳《せんのう》しやすく扱いやすいので兵士の補給対象として、うってつけなのです。

世界の子ども兵の分布図
子ども兵士の使用禁止を求める世界連盟のデータより作成（１９９８年現在）

たとえば、ミャンマーでの現地調査では、最低年齢7歳の子どもを含めて、約5万人の子ども兵が確認されていますが、ある軍隊の司令官は、「子ども兵は命令に疑問を感じたりすることもなく従順で、大人よりも、操縦が簡単だ」（Rachel, p140）と子どもを兵士にする理由を述べています。子どもが兵士として役に立つのか、この疑問には、あとで答えることにしましょう。

②子ども自らが志願する

家族を貧しさから救うためで、子どもが自発的に軍隊に入るパターンです。その背景には、貧困問題が大きく関わっています。

家にいても食べるものがありません。自分が家から出れば、家族がその分だけ食べられるのです。軍隊に入れば最低限の衣食住は満たされるといった期待が子どもたちにも、親たちにもあります。

たとえば、スリランカでは、ホームレスの青年や孤児たちは、食事と寝場所を与えてくれる軍隊を魅力的なものとして考え、自発的に軍隊に入っていきます。スリランカでは最低年齢8歳の子どもを含む数千人の子ども兵が確認されています。多くの子ども兵が孤児や貧しい家庭の子どもたちなのです。

また、カンボジアでの現地調査でも、社会のもっとも底辺にある階層（難民キャンプや紛争地域で置き去りにされた子どもたち）が、子ども兵の供給源でした。最低年齢５歳を含む８０００人の子ども兵が確認されており、全兵力の25％を占めていたと報告されています。

アフガニスタンでも、子どもたちが軍隊に志願する動機は日々の食事や安全な寝場所を求めてのことで、ときには軍隊から支給される食料を家族に運ぶためでした。最低年齢10歳を含む総数11万８０００人が確認されており、全兵力の45％を占めているといわれています（『世界の子ども兵』新評論、２００２年）。

しかし、おなじ紛争国の子どもであっても、都市部の裕福な家庭の子どもたちが子ども兵になることはほとんどありません。そのような子どもたちは、小型武器を持って戦うより、教科書を手に勉強をしているのです。

つまり、子どもが兵士にされていく原因の一つは貧困です。貧富の格差が広がれば広がるほど、貧しい階層の子どもたちは食べ物と安全を求めて、政府軍あるいは反政府軍に駆り立てられていきます。豊かな国がどんどん豊かになり、貧しい国がさらに貧しくなっていく「経済のグローバル化」と歩調を

■子ども兵と最貧国

18歳未満の子ども兵が政府あるいは反対武装勢力、またはその両方に従事していることが推定されている36カ国のリスト。そのうち15カ国（網掛け）が最貧国、12カ国（下線）が重債務貧困国。
アフガニスタン、アルバニア、アゼルバイジャン、アルジェリア、アンゴラ、バングラデシュ、ミャンマー、ブルンジ、カンボジア、コロンビア、コンゴ、ブラザビル、コンゴ民主共和国、エリトリア、エチオピア、インドネシア、インド、イラン、イラク、イスラエル（占領地域）、レバノン、メキシコ、リベリア、パキスタン、パプア・ニューギニア、ペルー、フィリピン、ロシア、ルワンダ、シエラレオネ、ソマリア、スリランカ、スーダン、タジキスタン、ウガンダ、旧ユーゴスラビア

出典：外務省ホームページ【http://www.mofa.go.jp/mofaj/gaiko/ldc/q2.html】とRachel Brett, Margaret McIlin著、渡井理佳子訳『世界の子ども兵』、新評論、2002年、39ページより作成。

合わせるように、各国の国内における階層間の格差は確実に広がっています。

事実、最近の紛争の現場で、子ども兵の存在が確認された36カ国のうち15カ国は最貧国（ＬＤＣ）*で、12カ国は重債務国*です。それ以外に、子ども兵がいるインドやイラク、フィリピンなどの国も多くの飢餓人口を抱える貧しい国です。

軍隊は暴力で子どもをコントロールする

政府軍の子ども兵といえども、成人の兵士とおなじ扱いを受けます。子どもだからといって手加減されることはありません。ミャンマー、エルサルバドル、グアテマラ、ホンジュラス、パラグアイでの現地調査*の報告を見ると、子ども兵の扱いは目に余るものがあります。多くの政府軍では、しごき、イジメ、アルコールの強要、また少女兵に対する性的虐待があり、それらの暴力が子どもたちを死に追いやることも少なくありません。

たとえば、パラグアイでは、最低年齢12歳の子どもを含む1万1400人

＊最貧国（ＬＤＣ）：国連のＬＬＤＣ（Least-Less Developed Countries＝後発開発途上国。端的に最貧国とも言う）の認定基準で、1人当たり国民総生産額（ＧＤＰ）が285ドル以下、製造業のシェアが10％以下、識字率が20％以下の場合を最貧国と定義している。

＊重債務国：巨額の債務（借金）を抱えた国。アフリカをはじめとする重債務国では、先進諸国や世界銀行（ＩＭＦ）などからお金を借りている。しかし通貨切り下げや輸出品の値下がり、開発プロジェクトの失敗などで、その額は何倍にも膨れ上がり、もはや返済不能になっている。債務返済のため、生活に必要な医療や教育への国家予算を削らざるを得ない。先進諸国が途上国におこなう援助の約9倍もの額を、途上国は先進国に毎年返済している。

＊現地調査：エルサルバドルでは数千人、グアテマラでは最低年齢11歳の子どもを含む数千人、ホンジュラスでは最低年齢13歳の子どもを含む1千数百人の子ども兵が確認されている（『世界の子ども兵』新評論、2002年）。

の子ども兵が現地調査で確認されていますが、「体のあちこちにタバコを押し付ける、また火のついたタバコを飲み込ませるなどの暴力がある」ことが報告されています。子どもたちは徹底的な暴力によって軍隊に服従させられていくのです。

ぼくたちが訪れたウガンダの施設でも、罰として唇を切られたり、鼻や耳を斬り落とされたりという被害にあった子どもたちがたくさんいました。司令官の命令に背いたり、軍隊から逃げ出そうとした場合、徹底的な暴力によって罰せられます。

傷つく子どもたち

軍隊には、ケガや病気で苦しむ子どもたちがたくさんいます。しかし、途上国の軍隊では政府軍といえども医薬品が不足しており、十分な手当を受けられません。地雷で手足を吹き飛ばされたり、爆発物の破片で傷ついた傷口にばい菌が入って、手足を切断しなければならないこともしばしばです。モザンビークやエチオピアの現地調査では、「未熟で権利を主張できない子ど

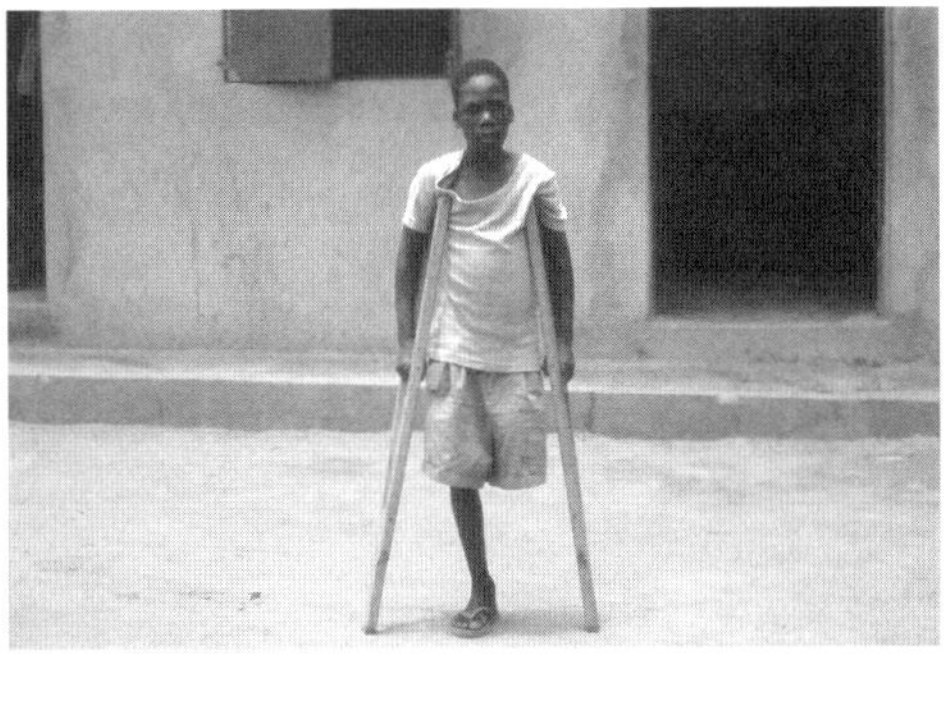

政府軍との戦闘で片足を失った元子ども兵（ウガンダのグスコにて）

もたちは、飢餓や非衛生的な環境からくる病気によって死亡することも多かった」と報告されています。

ウガンダでも、最前線に立たされて敵の弾よけにされたり、不発弾の探査《たんさ》のために地雷原《じらいげん》をまっさきに歩かされた子どもたちがいます。命を落とす危険がもっとも高い恐ろしい最前線です。体罰で障害を負わされる子もいますし、何キロもの道のりを素足で行軍することで、皮膚の薄い子どもの足の裏はボロボロになります。

また、司令官や大人の兵士と無理やり結婚させられた少女兵たちの多くは、産まれた子どもに十分な食べ物や睡眠、病気のときの治療を与えることができず、栄養失調や病気で亡くしています。たとえ生き残っても人に殺される、人を殺す戦場の恐怖は、子どもたちの心に大きな傷を残します。

厳しい処罰と任務

軍隊では上官の命令が絶対であり、それに逆らうものは容赦なく罰を与えられます。ブルンジやペルー、ウガンダの現地調査の報告では、訓練につい

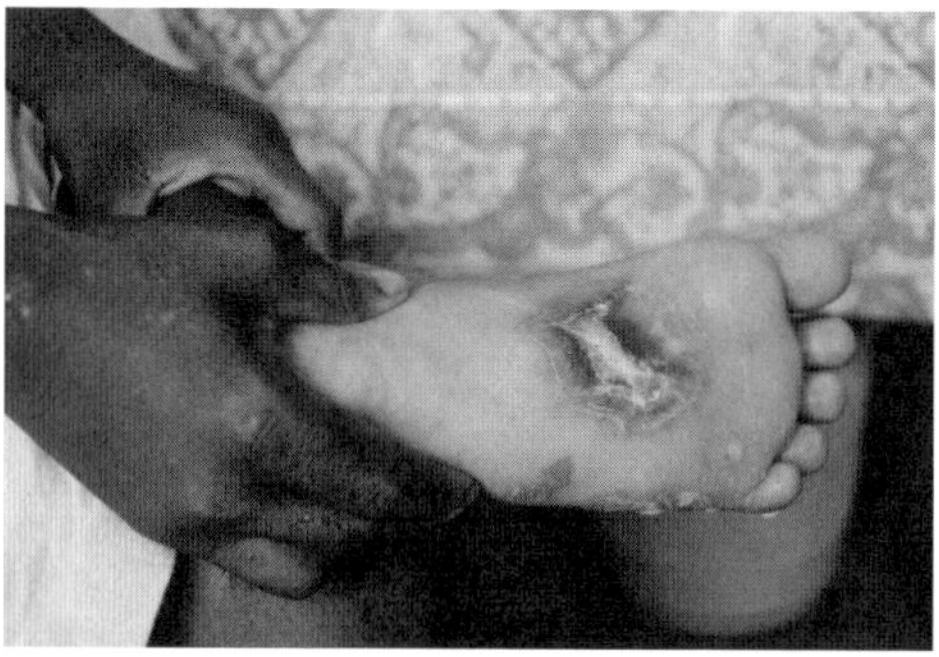

裸足で逃走した。腐食した足の裏が痛々しい（ウガンダのグスコにて）

ていけない者や逃げ出そうとした者には、軍隊の秘密の保持や士気の維持のために日常的に殺されていました。

子ども兵に対する処罰はたたく、けるなどの単純な体罰から、食べ物を与えない、指、鼻、唇、耳を切断する、他の子ども兵によって処刑されたケースまであります。カンボジアの例では見張りや伝令の役をさせられたり、スパイとして敵の情報を収集する役目をしています。また、敵のエリアに地雷を仕掛けたり、死んだ兵士から財布や手榴弾を奪ってくる役目を担わされていることも報告されています。

また、ゲリラ軍に誘拐された子どもが、今度は逆に、誘拐する側になって、自分の村の子どもたちを誘拐し、その家族に銃を向けるなど残虐行為を強いられることもあります。

人を殺す練習

軍隊で子どもたちは、人を殺すことをおぼえ込まされます。たとえばコロンビアでは、人を殺すことへの恐怖を取りのぞくために、家畜ののどを切る

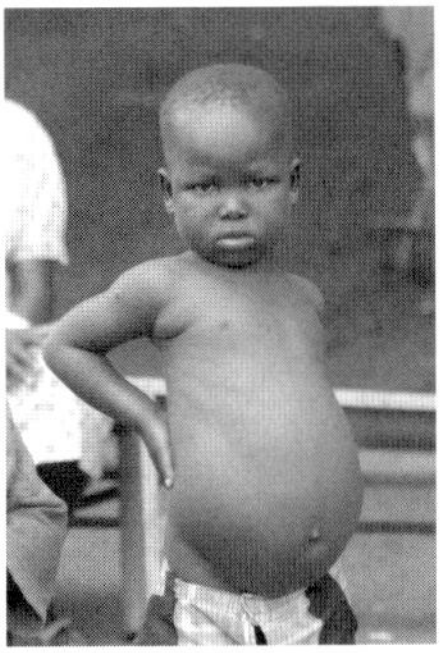

栄養失調でお腹が膨れ上がった元少女兵の子ども（ウガンダのグスコにて）

練習をしたり、場合によってはその血を飲むよう強要されることも報告されています。実際、子どもたちに処刑をさせることで人を殺すことに慣れさせ、実戦で「使いものになる」兵士に育てることも各国の軍隊でおこなわれています。

ウガンダで「神の抵抗軍」に拉致《らち》された子ども兵の中にも、自分の友人を殺傷することを強要された子どもがいましたが、あまりの恐怖とショックのため自分の頭で考えることを止めてしまったといいます。軍隊は子どもたちをそんな状況に追い込み、白紙になった子どもの頭に「平気で人を殺す考え」を叩き込み、洗脳《せんのう》していくのです。

リハビリ施設のスタッフの話によると、はじめは人を殺すことをためらっていた子どもたちも、自分の友達を殺した後は、平気で人を殺す兵士になっていくといいます。そして、人を殺すことで上官などからほめられると、部隊の中で評価されることが自分の存在を確認する唯一の手段になり、積極的に殺戮《さつりく》に参加していくようになる、といっていました。

そんなひどい体験を持つ子どもたちの年齢もさまざまです。アフガニスタンやミャンマー、エルサルバドル、*ホンジュラス、リベリア、モザンビーク、

*エルサルバドル：中米のエルサルバドルでは、1980年代の内戦でゲリラ活動に加わっていた兵士のうち、18歳未満の者が1800人（全ゲリラ兵の20%）と推定されている。92年から94年にかけて、子ども兵を対象にUCA（Universidad Centro Americana）の心理学者のチームが「戦争の子どもたち」という集団セラピーの方法を開発し実施した。「思い出そう」「よく考えよう」「整理しよう」という3つのキーワードを中心に自分が受けた戦時体験を整理させるもので、10人で1グループになり、通常2時間のセッションで週1回、5カ月間続ける。絵を描いたり、劇を演じたりといったセラピーの手法が用いられた（参考『過酷な世界の天使たち』同朋舎、99年）。

ペルーなどの現地調査によると、「小さい子では10歳の子どもが戦闘で殺し屋として使われ、12歳から14歳の子どもが人里はなれた村で女性や子どもを皆殺しにしていた」と報告されています。

麻薬、アルコールによるコントロール

子どもたちはしばしば、軍隊の中でアルコールと麻薬によってコントロールされています。たとえば、はげしく銃弾が飛び交う最前線や地雷原など大人もひるむような場所に、麻薬とアルコールで正気を失った子どもたちが投げ出されます。地雷原を歩かされ、地雷がないことを確認した後で、部隊が進んでいきます。

シエラレオネでは、戦闘がはじまる前に指揮官が、子ども兵たちにたっぷり砂糖を入れた「マリファナ茶*」を飲ませ、子どもたちの恐怖心を麻痺《まひ》させることがおこなわれています。指揮官は「これでお前たちは弾には当たらない。当たっても痛くないし、絶対に死なない。さあ行け」と命令し、子ども

*マリファナ：この植物は多幸感などを感じるTHCと呼ばれる物質を含んでいる。習慣性のある非合法のドラッグ。

兵たちはその気になり、弾丸がぴゅんぴゅん飛んできてもひるまず前進していた（『カラシニコフ』松本仁一著、朝日新聞社）と報告されています。ミャンマーでもアルコールや麻薬を与えられた子どもたちが、敵が銃撃してきているにもかかわらず、叫び声をあげながら有刺鉄線めがけて突撃していったとの報告もあります。

子どもたちが日常的に、あるいは戦闘の前に、麻薬やアルコールを与えられていたという報告は、アフガニスタン、ミャンマー、エルサルバドル、ホンジュラス、リベリア、モザンビーク、ペルーなど他国でも確認されています。たくさんの子どもたちが自分の意思とは無関係に死に追いやられているのです。アフリカのブルンジ共和国のある司令官は、「ブルンジでは子どもたちは、ハエのように殺されていった」と戦闘当時のことを回想しています（Rachel, p86）。

美しいクロアチアの元少女兵

ぼく自身（小川）の経験を話したいと思います。おなじ村が、政府軍と反

地雷原：子どもたちは危険な地雷原を「地雷探知機」として歩かされていた

政府武装勢力の双方で徴兵《ちょうへい》の割り当ての対象とされ、このために、村の幼なじみに銃を向け、殺し合わなければならない悲劇が出てきます。

もう6年前のことですが、民族紛争が激しく続いていた旧ユーゴスラビア*のクロアチアという国で、幼なじみの友達と殺し合うという体験をした元少女兵に出会ったことがあります。旧ユーゴスラビアは多くの民族が共存する1つの国でしたが、ソ連が崩壊した91年以後、何度も内戦が繰り返され、その中でクロアチア、スロベニアなどの国が独立していきました。

ぼくが出会った旧ユーゴスラビアの元少女兵のサビナさんは、とても美しいクロアチア人で1歳ぐらいの子どもを育てていました。彼女はクロアチアのトゥラニという小さな村で生まれ17歳のとき、銃をとってクロアチア紛争*に身を投じました。

サビナさんに「あなたが体験した紛争の話を聞かせてください」と頼むと、「日本で育ったあなたには私の体験は理解できないと思う……」といい、逆にぼくに「あなたは、子どもの頃、幼なじみとどんな遊びをしましたか?」と聞き返してきました。

なぜそんなことを聞くのだろう?　と思いながらも、ぼくは野球やサッカ

＊旧ユーゴスラビア：ユーゴスラビアは、1929年～2003年の間に存在した東ヨーロッパの国。首都はベオグラード。1918年にセルビア・クロアチア・スロベニア王国として成立。1929年ユーゴスラビア王国に改名。1945年からは共和制。1991年からのユーゴスラビア紛争により解体。その後、現在のセルビア・モンテネグロが2003年までユーゴスラビアを国名にした。

＊クロアチア紛争：（1991年～95年）。クロアチアがユーゴスラビアからの離脱・独立を目指した戦争。歴史的な対立を背景に戦争は泥沼の様相を呈したが、4年間の戦争の末に独立。この紛争の過程でボスニア・ヘルツェゴビナ、ヴォイヴォディナに接する地域に住んでいたセルビア人の多くがクロアチア国外に退去したものと見られている。

ーや缶蹴りなど自分が子ども時代に遊んだ話をしました。そうすると、彼女は「私はこの自然の豊かな村に生まれて、友達と魚釣りや木登りをしたり、一緒に虫採りをしたりしました。たくさんの友達との思い出があります」と子ども時代の話をたくさんしてくれました。

そして、彼女が一言こういいました。

「私が体験した紛争というのは、その幼なじみと殺しあわなければいけないものだったのです。これが私の体験したことです……」

そして、彼女はこう続けました。

「そんな戦争を誰がしたいと思いますか？　あなたは肌の色や宗教が違うからといって自分の幼なじみを殺せますか？　私の村ではクロアチア人もセルビア人もずっと一緒に平和に暮らしていました。私はクロアチア人ですが、セルビア人の友達もたくさんいます。私たちの争いのことをアメリカや日本では『民族や宗教が違うから争っている』と報道されているようですが、でも本当はそうじゃないのです。私は子どもの頃からセルビア人の子どもたちとも仲良く一緒に暮らしてきたのです。幼なじみと過ごした楽しい思い出がたくさんあるのです。誰がそんな幼なじみと殺しあいたいと思うでしょう？

サビナさんと出会った緑豊かなトゥラニ村の小さな丘（クロアチア）

どうか、どんな気持ちで私たちが幼なじみやその親戚に銃を向けて戦ってきたかを想像してみてください。そうすれば私たちが体験した紛争がどんなことかわかってもらえると思います」

「私は紛争に参加して、実際に自分の幼なじみの家族やその親戚を殺してきました。今思うとそのときの自分は頭が狂っていたとしか思えません。それ以来、私は鏡を見ることも、自分の写真を見ることも撮ることもできなくなりました。鏡や写真で自分の顔を見ると紛争中の狂っていたときの自分を思い出してしまうからです。もう、その紛争が終わって5年近く経ちますが、今も私は自分で自分の顔を見ることが怖くてできません。いまだにそのときの記憶が頭から離れないのです」

日本で、サビナさんとおなじぐらいの20代前半の女性なら、お化粧をしたり、おしゃれをして、鏡を一日に何度も見ます。友達と一緒に写真を撮ったりして、自分の姿を思い出に残したがります。それなのに、自分の顔を見ることもできなくなったというサビナさんの話から、ぼくは彼女が紛争で負った悲しみや心の傷がどんなに大きいものなのかを想像しました。

紛争の傷跡が今も残るトゥラニ村。ぼくがサビナさんと出会った時、この破壊された故郷でもう一度生きようとたくさんの村人たちが帰ってきて家の修復工事をしていた。

わが子を乗せたベビーカーを押しながら、おだやかな表情のまま涙を流しながらサビナさんは17歳の頃のつらい話をしてくれました。幼なじみの家族を殺さなければならないような過酷な紛争を生き延び、今は母親となって、たくましく生きています。心の奥には消し去ることができない過去の傷があり、それを背負いながら今を生きている彼女の姿が６年経った今でもとても印象に残っています。

サビナさんと出会った旧ユーゴスラビアでは、紛争で家族を失い難民となったたくさんの子どもたちとも出会いました。難民キャンプに収容されたある子どもは毎朝、目覚まし時計がなると「ママー、ママー、助けてー！」と大声で泣き叫んでいました。「目覚まし時計の音を聞くと空襲警報のサイレンの音を思い出してしまうから」といいます。「サイレンの音が鳴ると爆弾が落ちてきて、家が焼かれ、人が殺されていく」、その記憶が頭から離れないのです。戦争や紛争が終わっても、悲しい体験をした子どもたちのトラウマ（心の傷）がいかに深いかを物語るエピソードでした。

ましてや自分が人を殺すなどの経験をしている子ども兵たちの心の傷は私たちの想像を超えています。

第3章 子ども兵の体と心に残るもの

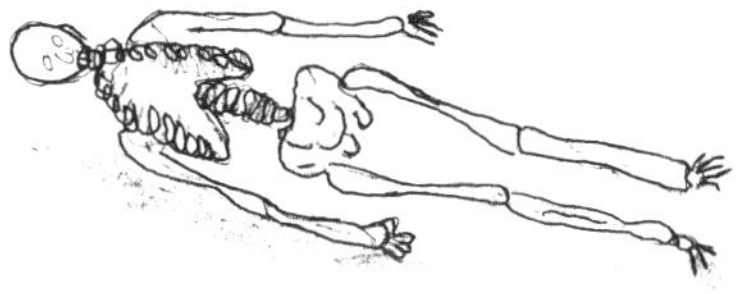

暴力で人をコントロールできると思う

多くの元子ども兵たちは、軍隊で上官に服従することを徹底的に教え込まれ、残虐な暴力や戦闘の中で子ども時代を過ごすため、自分もそうであったように「暴力や権力があれば、他人をコントロールすることができる」という考え方が刷り込まれたまま大人になります。その結果、除隊《じょたい》して自分の村へ帰ってきた後もその考え方が抜け切れず、乱暴者扱いされたり、怖がられたりして、村の中や学校の生活になじむことができません。

ウガンダでぼくたちが出会った子どもたちの中には、「リハビリ施設を出て学校に戻ったけど、『あいつは人を殺している』と後ろ指を差されてまわりから怖がられたり、いじめられたりするので勉強はしたいけど、学校にはもう戻りたくない」といって施設に戻ってきた子どもがいました。とてもおとなしい子どもにさえ、周囲が乱暴者、人殺しなどとレッテルを貼ってしまいます。そのことが子どもたちの社会復帰をむずかしくしています。

読み書きを教えられなかった子どもたち

子ども時代を軍隊ですごしたほとんどの子どもたちは、兵士として武器を扱う技術は持っていますが、文字を読むことも書くこともできず、一般の職業に就くのはとても困難です。せっかく除隊したにもかかわらず、教育を受けていないため仕事が見つからず、軍隊に逆戻りしたり、犯罪グループに加わるなど、暴力に関わり続けるという悪循環に陥る子どもたちもいます。反政府軍から逃げてきた子どもたちが、今度は政府軍に入って戦っているケースも多く報告されています。

20年以上もの間、戦争の続いたアフガニスタンの子どもたちは生まれてから戦争のない世界に生きたことがありません。子ども時代から戦うことだけを教えられてきた彼らのほとんどは読み書きもできず、職業に就くどころか普通に生活することすら困難な状況にあります。

「ニューズウィーク」誌は、この子どもたちの境遇をつぎのような記事にし

■バスが襲撃され誘拐されたときの様子。元子ども兵の絵（ワールドビジョンにて）

ています。「過酷な紛争を生き延びたとしても、子ども兵の命は失われてしまったといっても過言ではない。厳しい生活が、子どもの人格をゆがめてしまった。暴力的な言葉には通じていても、市民社会で生活する基本はまったく知らないままなのだ」（Rachel, p110）

子どもたちの体に残る後遺症

子どもたちの中には戦闘で手足を失ったり、失明したりするなど身体に障害を負った子も多く、そのことが社会復帰をさらにむずかしくしています。もともと貧しい家庭の出身者が多い子ども兵の家族や親戚にとって、障害を負った未成年者は経済的に重荷になります。そのため家族からも厄介者《やっかいもの》あつかいされたり、地域社会からつまはじきにされたりします。

また、少女兵は性的虐待などによって性感染症に罹《かか》ったり、とくにアフリカなどのエイズが蔓延《まんえん》している地域では、少女たちへ差別や偏見がいつまでもつきまといます。除隊しても日々の不安に脅《おび》え、アルコールや麻薬に頼り、中毒から抜け出せない青年たちもいます。

たとえば、シエラレオネには、元子ども兵たちが住み着くスラムがありますが、そこに「少女の家」と呼ばれる、地元NGOがユニセフと協力して識字教育や職業訓練をしている施設があります。ここの少女たちの多くは、生きるための現金を手に入れるために、売春をし、路地の軒下で寝泊りしています。この子たちが一回の売春でもらうお金は2000レオン（約100円）です（『カラシニコフ』松本仁一、朝日新聞社）。たった100円のために、自分が性病になる危険を冒《おか》して、その日を生きることに精一杯なのです。

友情のワークショップをおこなっていた（ワールドビジョンにて）

心の傷（トラウマ）

除隊後の子どもたちを苦しめているのは、トラウマ（心の傷）です。自分の仲間が殺されたり、自分自身が人を殺すといった経験をしてきた元子ども兵の多くは、除隊後も精神的な障害を負います。

さきほど紹介したウガンダのリハビリ施設のサラさんは、「子どもたちは、兵士として戦ってきたときの恐怖を除隊した今も感じていて、罪悪感にさいなまれ、夜も安心して眠れません。この子たちが描く絵には、『自分が誘拐されたとき、焼かれた家の様子』『銃を持った兵士が友達を撃ち殺しているシーン』『自分が小さな子どもに銃を向けている絵』などが描かれ、自分の中の消えない恐怖を吐き出すように絵に表しているのです。

心の傷が癒《い》えず、自ら命を絶つ子どもや、麻薬やアルコールに走ってしまう子どもたちもいます。心の傷が癒えないかぎり、いくら身体的な治療をしても職業訓練をしても、本当の意味で子どもたちが社会復帰していくことにはならないのです」と話してくれました。

ぼくたちが、ウガンダに04年3月に来て以来、もう6年以上が経ちますが、いまだにトラウマが消えず苦しんでいる子どもたちがいます。

子ども兵は被害者であると同時に加害者でもあります。兵士時代に自分の故郷や近隣の村、そして自分の幼なじみやその家族と殺しあうという経験をしています。除隊後、そうした子どもたち同士がリハビリ施設や故郷の村で、ふたたび顔を合わすこともあります。つまり、自分の大切な家族や友達を殺した人間がおなじ村や、おなじ施設の中にいるのです。その相手に謝罪する勇気を持てるのか、また相手を許す心の広さを身につけることができるのか……。憎しみの連鎖を続けていくのか、それとも共に生きていくことを選択

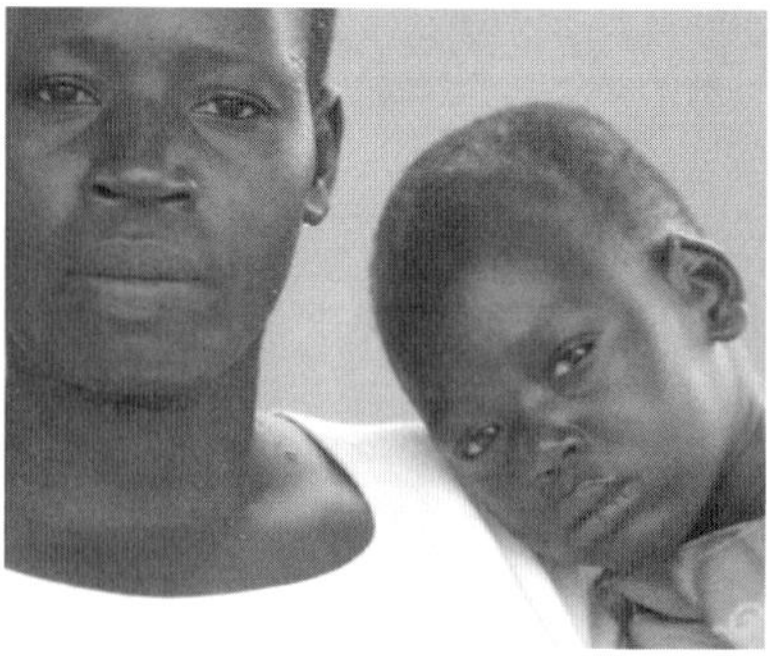
うつろな目の元少女兵とその子ども

するのか、彼らはその答を迫られるのです。

子どもたちが戦争に駆り出される理由

子ども兵が歴史に登場したのは、最近の話ではありません。古くは中世の時代、騎士になりたいと望む子どもは従者《じゅうしゃ》になって武具の手入れや、主人の身の回りの世話をしました。また、騎士が戦場に赴《おもむ》くと一緒に従軍して火薬を運んで大砲に詰めるなどの仕事をしました。しかし、子どもたちは戦闘要員として銃を持って、最前線に立つことはありませんでした。それが、第二次世界大戦以降、最近の紛争では子どもたちが武器を持ち、最前線で戦うようになっていったのです。なぜでしょう？

小型武器の登場

その理由は、軽くて、小さく、操作の簡単な小型武器が登場したからです。昔の武器は剣にしても、銃にしても重くて子どもの手にはあまるものでした。

とりわけ銃は、操作や整備がむずかしくて、とても子どもには扱うことができませんでした。しかし、軍事技術が発達すると、武器は小型化、軽量化、自動化していって、子どもでも、女性でも武器を手にして戦うことが可能になりました。そのことによって、子ども兵の役割は、大人の身の回りの世話という「補助的な仕事」から、「戦場で人を殺す戦闘員」にと変わってきたのです。

とくにＡＫ47（カラシニコフ）のような軽くて丈夫な自動小銃の登場は、戦う兵士の年齢をさらに下げました。10歳にもなれば自動小銃を肩に担ぐことが可能になります。カラシニコフはわずかな力で引き金を引くことで1分間に30発を連射することができます。事実、10歳くらいからの子ども兵の数が各国で急増していきます（Rachel, p31）。

現在世界中の紛争地帯にカラシニコフなどの自動小銃が大量に流入し、これを持たされた子どもたちが戦いの場に駆り出されています。つまり、小型武器の登場が子ども兵が増加する決定的な要因《よういん》だったのです。

＊カラシニコフ：カラシニコフ氏によって旧ソ連で開発された自動小銃。機関部に多少のゴミや火薬かすが残っていても支障なく作動するように設計されていて、頑丈で扱いやすく、子どもでも操作が可能。小型武器の中でもＡＫ（エーケー）47があったからこそ子ども兵が生まれたとも言われている。実際、紛争のある地域では、このカラシニコフが氾濫している。

第4章　子ども兵と小型武器

「大量破壊兵器」と「通常兵器」

兵器には大きく分けて「大量破壊兵器」と「通常兵器」の2種類があります。

大量破壊兵器は、無差別に人間も生物も殺してしまう核兵器、生物化学兵器です。それ以外の兵器はすべて通常兵器と呼ばれています。もう少し分類すると、通常兵器のなかでも大きい兵器を重火器《じゅうかき》と呼び、比較的小さな兵器のことを小型武器（または小火器《しょうかき》）と呼んでいます。子ども兵が戦場で持たされている小型武器は、拳銃や自動小銃、手榴弾《しゅりゅうだん》、地雷などで、「1人、もしくは数人で持ち運びのできる小さな武器」です。

小型武器は大量破壊兵器

国連のアナン事務総長は、「犠牲者の数からいえば、小型武器は事実上の大量破壊兵器」と発言しています。なぜなら、世界で起こっている紛争の死

■ 大量破壊兵器と通常兵器

大量破壊兵器	核兵器、生物兵器、化学兵器	
通常兵器	重火器	戦車、戦闘機、軍用ヘリコプターなど
	小型武器（小火器）	拳銃、自動小銃、携帯対空砲、地雷、重機関銃、携帯対戦車ロケット砲、迫撃砲、携帯地対空ミサイルなど

傷者の90％以上が、この小型武器で死傷しているからです。実際、核兵器や生物化学兵器、ミサイルや戦車のような重火器以上に人を殺傷しているのが小型武器なのです。とくに劣化ウラン＊を銃弾にした小型武器は、まさに形を変えた大量破壊兵器ではないでしょうか。

小型武器の数

世界には約８億７５００万丁の小型武器が存在するといわれています(Small Arms Survey 2007)。つまり、約70億の世界の人口に対して、８人に１人以上が武装できるほどの小型武器があるわけです。小型武器は不法に流通しているものも多く、子ども兵の数と同様、正確な数を把握することは難しいのですが、紛争地帯での武器回収や地雷除去などの活動によってすこしずつ明らかになっています。

一方、紛争後の地域などで小型武器の回収や破壊が進んでいるにも関わらず、その数は一向に減っていません。なぜでしょうか？　理由は簡単です。小型武器が回収される以上に生産され続けているからです。たとえば、１９

●地雷には対人地雷、対戦車地雷などさまざまな種類がある。なかには、空からばらまくバタフライ型地雷もある。目に付くようにカラフルな色を付け、おもちゃや食料と間違えて子どもたちが手にした瞬間に爆発する場合もある。

＊劣化ウラン弾：ＮＡＴＯ軍やアメリカ軍がユーゴスラビア空爆、湾岸戦争、アフガン戦争、イラク戦争で使用。重くて貫通力のある劣化ウラン弾は自動小銃から携帯型対戦車砲、ミサイルまでさまざまな武器の砲弾としても使用される。使用済み核燃料を材料にしているため、使用された地域ではガン、白血病の急増が報告され、アメリカ軍の帰還兵士にも奇病が続出しているといわれている（国際行動センター・劣化ウラン教育プロジェクト）。

９０年代に入ってからの10年間に４００万以上の小型武器が回収されましたが、その一方で、毎年８００万丁が生産されているのです（Small Arms Survey）。その結果、２００１年には5億5千万丁と言われていた小型武器の数は、その後、新しく発見された武器も含め、この8年間で3億丁以上も増えているのです。そして、毎日、世界中で2千人もの人間がこの小型武器の暴力によって命を落としているわけです。

小型武器問題の根本的解決のためには、小型武器の回収や地雷除去だけでなく、小型武器の生産・取引そのものを規制していく必要があります。

小型武器の拡散

さて、小型武器がこんなに世界中に拡散していったのには、一つのきっかけがありました。89年の「米ソ冷戦の終結」です。冷戦時代には米ソ両国を中心に約7千万丁の小型武器が備蓄されていましたが、冷戦終結後、東欧などの旧社会主義国から不要になった小型武器が発展途上国や紛争地帯をめがけて大量に流れ込んでいったのです。まるで在庫一斉セールのように安価な

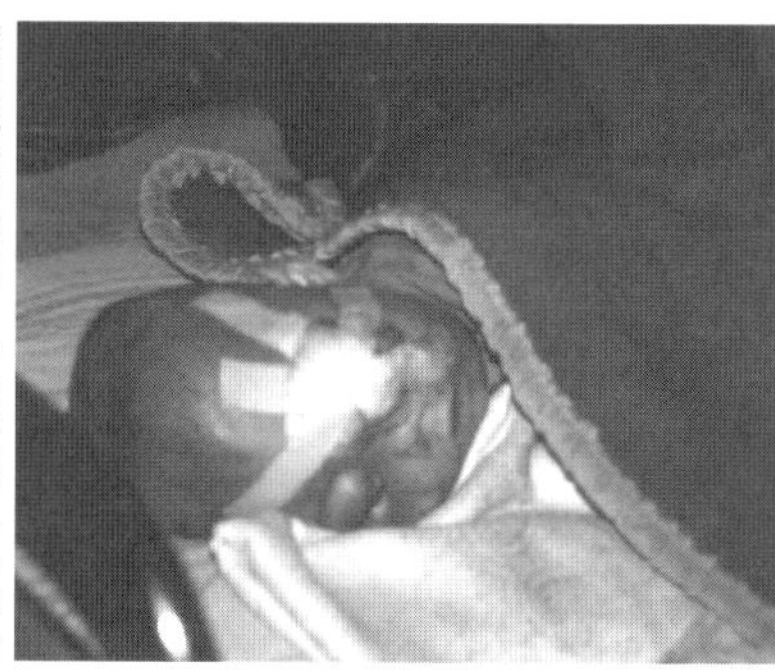

湾岸戦争で使用された劣化ウラン弾の影響とされる白血病に苦しむ子ども（イラク）

武器がアフリカなどの国々に売り飛ばされていきました。たとえば、ケニア*では、冷戦前の１９８６年には、一丁の自動小銃は15頭の牛と交換されていましたが、２００１年には５頭の牛（日本円で約１万５千円）と交換されるようになりました。

冷戦後に世界の紛争地帯に広がった小型武器はあらたな武器を呼び、さらに大量の小型武器が生産され、それがまた世界中の紛争地帯に拡散していきました。

*ケニアでの自動小銃の値段の推移
（出典："Shattered Lives -the case for tough international arms control"）

●もっとも被害を及ぼしている世界の自動小銃トップ４
①ＡＫ47（ロシア製）
②Ｍ16（米国製）
③Ｇ３（ドイツ製）
④ＦＡＬ（ベルギー製）
（出典："Shattered Lives -the case for tough international arms control"）

第5章

小型武器は世界に何を引き起こすか

犠牲者の7割は女性と子ども

冷戦が終結した以降、世界で起こっている紛争の約9割は内戦です。つまり、国と国との戦争ではなく、土地の奪い合いや資源の争奪《そうだつ》など国内で対立しているのです。このような狭い地域での紛争では、大型の戦車やミサイルなどの重火器ではなく、むしろ自動小銃や地雷などの小型武器が使用されるのです。

紛争の犠牲者の約9割は小型武器によって殺され、1分間に1人が世界のどこかで小型武器によって命を奪われているのです。その数は年間50万人といわれています。

また、冷戦後の約10年間に、約400万人が小型武器によって命を奪われているといわれていますが、その犠牲者の約9割が戦闘の巻き添えになった一般市民です。さらに、そのうちの約8割が女性と子どもたちだとされています。1990年以降、殺された子どもの数は約200万人にものぼります

("Small Arms Survey 2002")。

ぼくが訪れた紛争地域でも犠牲者のほとんどは紛争とは何の関係もない子どもや女性たちでした。力のない子どもたちはなす術《すべ》もなく、紛争に巻き込まれて殺されたり、家族を奪われて孤児になり、家を失って難民になります。小型武器は、何の罪もない一般市民や子どもの命を奪う、「人間の安全保障」*を脅《おびや》かす大きな脅威です。

ウガンダのリハビリ施設で出会った元少女兵のマリーさんは、「軍隊で飢えや病気に苦しんだり、戦闘で被害にあったりする一番の犠牲者は、権力や腕力のない女性や子どもたちでした。私は子どもを必死に守りながら、生き延びることができましたが、たくさんの仲間が小型武器によって殺されました。今もたくさんの仲間が武器によって脅され、傷つけられ、殺されています。今もっとも必要なことは小型武器をなくすことです。小型武器があるかぎり、いつまで経っても私たち女性や子どもは安心して生活することができません」とぼくたちに訴えました。この言葉が小型武器の問題の本質を言い当てています。

ウガンダでは小型武器による被害がほんとうに深刻です。この国で小型武

＊人間の安全保障：これまで安全保障とは、国家が自国民を守ること、とされてきたが、国際紛争、武器や薬物の拡散、感染症の蔓延、地球環境の悪化などの問題は国家の枠組みを超えていることから、現在では、国家による安全保障だけでは個々の人間の命や生活を守ることは困難だとする考えられている。この点から国家の枠組みを超えた安全保障のあり方が考えられている（参照 JICA, GUIDE to JICA）。

器を規制する活動を続けているリチャード・ムギシャさん（NGO「PWD」代表：People With Disabilities）は、「ウガンダで子ども兵が増え続けるのは、小型武器が存在するからです。しかし、小型武器は私たちの国で作ったものではありません。外国から運び込まれたものです。小型武器によって傷ついた人びとを援助していますが、いくらケアしても小型武器が存在するかぎり、被害はなくなりません。

今、もっとも大切なことは、武器取引を世界的に規制することです。武器を輸出する国は、輸出した武器がその先でどのような結果を引き起こしているか、自分の頭でリアルに想像すべきです。もし想像できないなら、小型武器によって被害を受けた人びとの声に耳を傾けてください。そして事実を知ってほしいと思います」と、ぼくたちのインタビューに答えています。

ムギシャさんは、国内の小型武器問題に関心のあるNGOを集めて「ウガンダ小型武器行動ネットワーク（UANSA）」を結成し、国内への小型武器流入を規制する法律を作るために政府と一緒になって行動したり、「ナイロビ宣言」*を法的拘束力のある「議定書」に変えるなど、さまざまな活動に取り組んでいます。

＊ナイロビ宣言：2000年3月、ケニア政府の呼びかけによってナイロビで開催された小型武器の不正取引の規制を提唱した「大湖地域及びアフリカの角地域における不正小型武器の拡散問題に関する宣言」。

彼らは地域のリーダーや警察、税関の職員などを集めて、小型武器の危険性を知らせるワークショップを開催して、小型武器が引き起こしているウガンダ国内の問題を知らせ、国境で小型武器の不法取引を阻止する必要性を訴えています。この活動が少しずつ実り始め、ケニアからウガンダへの小型武器の流入などの不法取引を積極的に取り締まるようになってきています。

紛争地域以外での銃犯罪の増加

実は、小型武器は紛争地域以外でも大きな被害をもたらしています。実際、小型武器による犠牲者50万人のうち約20万人は紛争地域以外の人びとだといわれているのです。

たとえば、先進国での銃による殺人、銃による事故、自殺などが多発しています。アメリカには約2億5千万丁の銃器が存在します。その数は、アメリカ人1人に1丁ずつです。これらの銃器によって毎年11万件の犯罪が発生し、2万8千人以上の命が奪われています。アメリカ社会での銃の蔓延《まんえん》が少

ウガンダのリチャード・ムギシャさんと小川

年犯罪の増加にもつながっていて、高校生が学校内で友人に向けて銃を乱射するなどの凶悪犯罪も起こっています。アメリカでの銃による犠牲者の数は、日本の交通事故で死亡する人の3倍にものぼります。

銃の氾濫《はんらん》はアメリカ社会にかぎった現象ではありません。世界がグローバル化することによって犯罪組織も国際化し、各国の犯罪組織の武装化が進んでいます。つまり、小型武器は紛争地帯にかぎらず、あらゆる場面で「人間の安全保障」を脅《おびや》かしているのです。

アメリカはなぜ、銃を規制しないのか?

アメリカでは銃器による事故や犯罪によって年間1千億ドル(約11兆円)もの医療費や裁判費用などがムダになっているという民間研究機関の試算もあります(東京新聞、2004年8月18日)。さらに、自殺する十代〜二十代前半の若者の半数は銃を使用しているといわれています。

それなのになぜ、アメリカ政府は銃の規制をしないのでしょうか? (あら

引き金は軽く、子どもや女性にも連射できる

ためて第7章で考えてみましょう)。

テキサス州では約半数の家庭が銃を持っているといわれています。親友を銃で殺されたリサ・メイヤーさんは、「我が子を遊びに行かせる家庭の母親に必ず聞きます。『お宅に銃はある?』。あれば弾丸が装てんされていないか、子どもの手の届かない場所に保管されているかを確かめます。『主人しか知らない』などと応じられれば、その家での遊びは中止させます」(東京新聞、2004年8月20日)

このメイヤーさんの話が、小型武器の脅威にさらされているアメリカ市民の不安を物語っています。

このように小型武器の脅威は紛争地域だけの問題ではないのです。

小型武器の放置が貧困を招く

小型武器は紛争が終わってからも、紛争地域に悪い影響を残します。地雷やクラスター爆弾などの不発弾は畑や野山、道路にそのまま残され、地域の

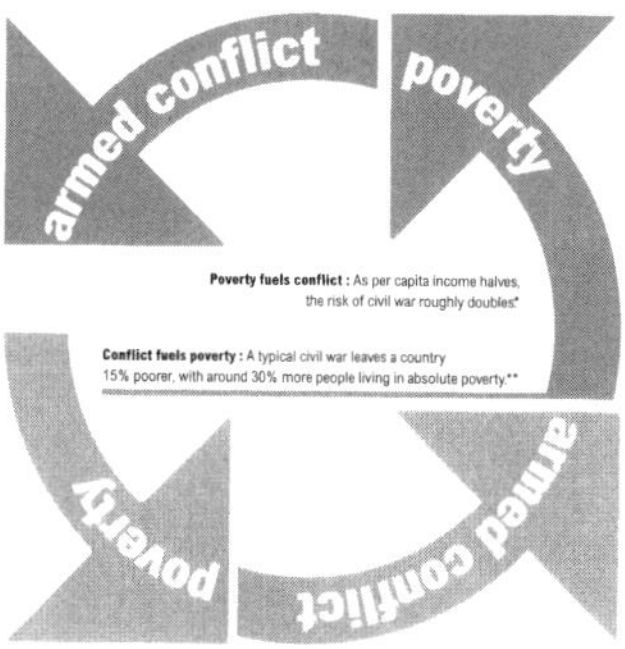

貧困と紛争の悪循環
出典："Shattered Lives -the case for tough international arms control"

人びとは自由に移動することもできません。また、回収されない銃によって凶悪犯罪が横行し、社会が不安定化して、人びとは安定した商売をすることもできません。小型武器の存在が、もともと貧しい紛争地域の人びとが貧困から抜け出すことをますますむずかしくしています。治安が安定しない国や地域に対しては、国際機関、ＮＧＯなどが長期的に援助をすることも容易ではありません。

　さらに、社会の不平等、貧富の格差が広がっていくと、あらたな紛争の火種となり、絶え間ない地域紛争の連鎖やテロを引き起こします。このときに小型武器は大きな「威力」を発揮するのです。小型武器は「貧困と紛争の悪循環」を引き起こす原因といってもよいでしょう。

　また、莫大な武器購入費が貧しい国の経済を疲弊《ひへい》させています。そもそも食料や医療、教育など、貧しい人びとのために使われるべき国家予算の多くが武器の購入に回され、多くの国で貧困がそのままに放置されています。

　現在、小型武器を含む通常兵器の３分の２はアジアや中東、ラテンアメリカ、アフリカなどの貧しい途上国に売られています。その総額は年間約２２０億ドル（約２兆４１０３億円）にのぼります。

貧困と紛争地域の関係図（出典：GUIDE to JICA）

この金額の大きさを考えてみましょう。国連が掲げている「ミレニアム開発目標*」は、2015年までに「すべての子どもが小学校に通えるようにする」「5歳児未満の死亡率を3分の1に引き下げる」ことを掲げていますが、これに必要とされている額に匹敵するのです（Amnesty, Oxfam, International Action Network on Small Arms）。残念なことに、自国の貧困対策や保健衛生、教育に費やす以上のお金が武器購入に使われているのです。

*ミレニアム開発目標（MDGs）：2000年9月の国連総会おいて、149カ国の国家元首の支持を得て採択されたもの。貧困削減、ジェンダー格差、保健・教育の改善、環境保護など8つの目標と18の対象を設定し、その実現に向けた途上国・先進国の責任を明確化した。

歌やダンスで明るさを取り戻す子どもたち（ワールドビジョン）

『

「ここに収容されて来たばかりの子どもは大人を怯えて、言葉も発せず、顔も硬直して表情がありません。でも、あきらめずにこの子たちと毎日接していると、一瞬ですが笑顔を見せてくれるようになります。最初は１週間に１度しか笑顔を見せることができなかった子どもが、３日に１度笑えるようになり、そして毎日、笑顔を見せることができるようになるのです。大切なことは『あきらめない』ということなのです」

（リハビリ施設のスタッフ、サラさんの話）

』

第6章　誰が小型武器を作っているのか

大国が小型武器を生産している

現在の小型武器の輸出額は、アメリカが第1位で、第2位はイタリア、第3位ベルギー、第4位ドイツと続きます。全世界の輸出額合計は24億ドル（2001年）に達します（The Small Arms Survey）。日本は軍用品は輸出していませんが、猟銃や競技用ライフルなどを大量に輸出しており、輸出額は世界第9位（約7千万ドル）です。小型武器の生産・輸出国のほとんどは、先進工業国です。

このことは小型武器にかぎったことではありません。通常兵器全体を見ても最大の輸出国は、国連安保理常任理事国のアメリカ、イギリス、フランス、ロシア、中国で、これら5つの大国で世界で取引される通常兵器の88％を占めています（Amnesty International,Oxfam International,"Shattered Lives"）

大国や工業先進国で製造された武器が紛争地域に大量に売られ、貧しい途

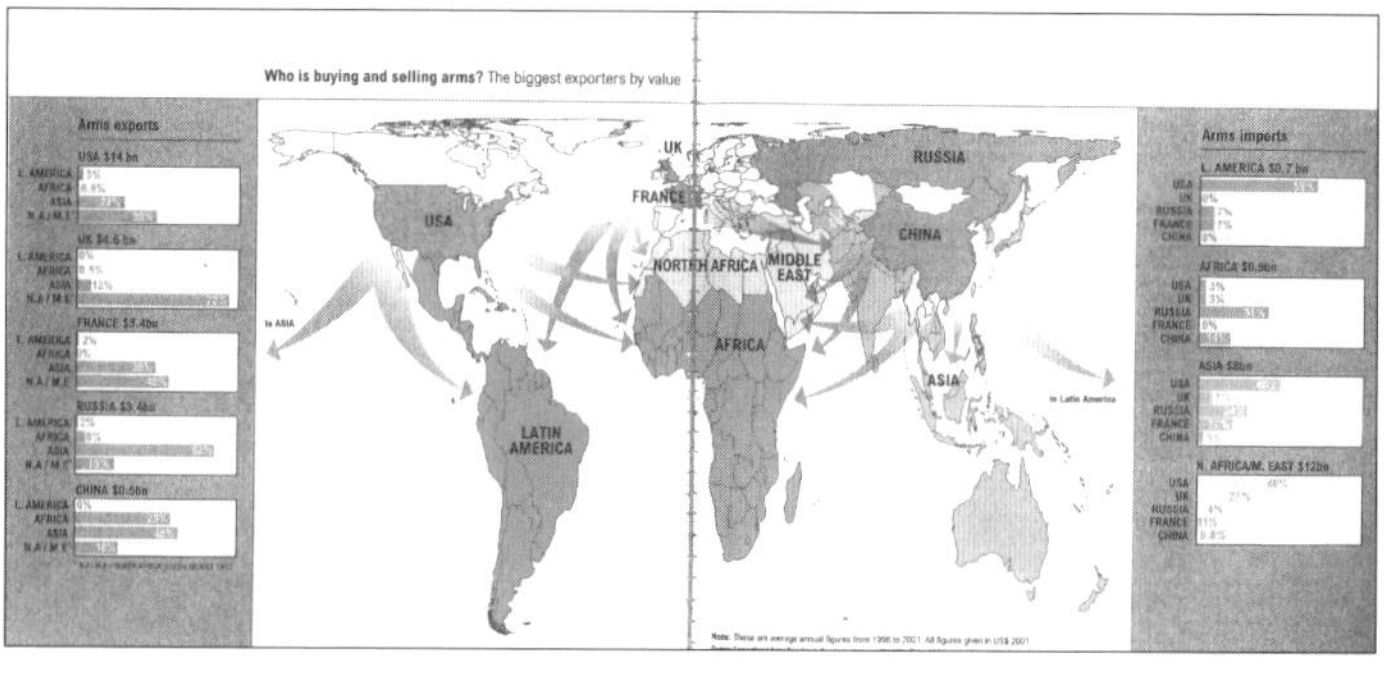

通常兵器の貿易の流れ
（出典："Shattered Lives -the case for tough international arms control"）

上国ではその武器を購入するために、自国の貧困対策以上のお金を使っているのです。

武器輸出三原則のある日本の役割

さて、ここで私たちの国のことを考えてみましょう。

日本は1967年、「①共産圏の国、②国連決議による武器輸出禁止国、③紛争及びその恐れのある国への輸出は慎む」という「武器輸出三原則」を決め、さらに、76年にはこの3つの地域以外の国に対しても武器を輸出しないことを決めました。ただし、83年にはアメリカへの技術供与などは例外的に認められるようになり、一部の政治家や企業家の間では「武器輸出三原則」の見直し*も主張されていますが、少なくとも現時点では、日本は軍事目的の武器を世界に輸出していない非常にまれな先進国です。

ぼく自身、イラクやパレスチナ、アフガニスタンなど中東の国に行ったとき、現地の人たちから、よくこんなことをいわれました。

＊「武器輸出三原則」の見直し：1983年、アメリカへの技術供与と共同研究は例外的に認められるようになり、ミサイル防衛システム（MD）が共同開発された。現在、アメリカへのMD部品の輸出や、アメリカ以外の国とも武器の共同研究、輸出を緩和すべきだという見直し論がでている。

「我々はアメリカ人やヨーロッパ人をあまり信用できません。でも日本人は信頼できます。なぜなら、日本はこれまで一度も我々の国を侵略しようとしたり、武器を売りつけてこなかったからです」

世界で唯一の被爆国であり、平和憲法を持ち、そして「武器輸出三原則」があり、それでいてG８*の一国として世界に経済的・政治的に大きな影響力のある私たちの国は、他の主要先進国が持ちえないすぐれた国際的位置にいます。

これまでも日本は、外務省に「通常兵器室」という部署を創設するなどして小型武器問題に積極的に取り組んできましたし、国連総会でも「小型武器軍縮決議案」を毎年提出して、「国連小型武器会議の中間会合」議長を「軍縮会議日本政府代表部特命全権大使」であった猪口《いのぐち》邦子《くにこ》さんが務めるなどして国際的にも高く評価されています。

この立場を生かして軍縮や難民支援、人権などの分野で平和貢献をしていくべきであり、日本はそれだけの国際的な信頼を築き上げてきました。

＊G８（Group of Eight）：G７は、日本・アメリカ・カナダ・ドイツ・フランス・イギリス・イタリアの７つの先進国。ロシア連邦が参加してG８。

第7章　子ども兵と小型武器をなくすために

不十分な規制

小型武器と子ども兵をなくすためには、それらをきびしく取り締まる国際的・国内的な規制が必要です。

現在、子どもを兵士として使うことを禁止する国際的な規制としては、徴兵の際や武力紛争へ参加する最低年齢を規定している「ジュネーブ条約第77条第2項／追加議定書1977）」「ジュネーブ条約第4条第3項／追加議定書1977）」「子どもの権利条約／選択議定書」がありますが、ジュネーブ条約の条項では「子どもの年齢」を15歳としているので、16歳以上の徴兵を禁止することができません。

また「子どもの権利条約／選択議定書」*では18歳未満の子どもを徴兵することを禁止し、現在100カ国以上が批准していますが、それをいかに実施（遵守）していくかが問われています。日本は署名・批准していますが、今後、さらに批准国を増やすと同時に各国に実施を促していくことが大切です。

小型武器に関しては、世界規模で規制する条約はありません。現在、核兵

＊子どもの権利条約／選択議定書：武力紛争への子どもの関与に関する議定書。アフリカの内戦などに見られる子ども兵の撲滅を図るもので、子どもの定義を15歳から「18歳未満」に引き上げたうえ、徴兵とともに兵士が18歳未満の場合は戦闘行為への参加を原則的に禁止した。第38条「武力紛争における子どもの保護」、39条「犠牲になった子どもの心身の回復と社会復帰」が該当する。101カ国が署名、22カ国が批准し02年2月に発効した。日本は02年に署名。

器などの大量破壊兵器を規制する条約は存在しますが、小型武器に関してはないのです。２００１年に開かれた「国連小型武器会議」で「小型武器の不法取引に関する行動計画」*が採択されましたが、これは法的拘束力のないものです。このことが、事実上の大量破壊兵器である小型武器が世界中へ拡散している原因のひとつになっています。これ以上、小型武器が世界に拡散しないためには、法的な拘束力のある国際条約を作っていくことが不可欠です。

小型武器がなくならない理由

さて、多くの人びとが望んでいるにもかかわらず、小型武器がなくならないのはなぜでしょうか？　そのもっとも単純な理由は、小型武器を作る人がいるからです。

現在、世界には90カ国以上、１２４９社以上の武器関連企業があるといわれています（The Small Arms Survey）。つまり、少なくとも世界の約半分の国で小型武器の生産など武器ビジネスに関わって生活している人たちがい

＊小型武器行動計画：01年、小型武器問題に関する国連会議において採択され、翌02年の国連総会において承認された枠組み。国際社会が小型武器の非合法取引に係わる具体的措置が決められている。トレーシング（追跡）、ブローカー（仲介）に関する規制の国際協力と支援のあり方、フォローアップ措置として06年までに行動計画の実施状況を検討する会議の開催などが盛り込まれている。

るのです。小型武器を開発、生産し、輸出することをビジネスにしている武器メーカーの経営者たちは、それが紛争地域で使われ女性や子どもの命を奪い、子ども兵を生み出す原因となっているという批判を受けながらも、熾烈《しれつ》な国際武器ビジネスの中で競争しあっています。

最大の武器輸出国であるアメリカには、いたるところに銃の販売店があり、その数はアメリカ国内のマクドナルドの店舗数の10倍にものぼるといわれています。製造から販売まで、たくさんのアメリカ人が武器ビジネスを職業にしているのです。たくさんの労働人口をかかえる武器ビジネスを支えるためには、つねに新しい武器が開発され、大量に生産され、大量に使われなければなりません。戦争、紛争がないと武器は売れなくなってしまいます。

アメリカ国内でも銃を規制しようという世論はありますが、厳しい規制案はいつも先送りにされています。たとえば、銃規制に強く反対している「全米ライフル協会」（ＮＲＡ）は会員数約４００万人という巨大な組織ですが、多くの議員たちがお金の面でも、票の面でも、この組織に当落のカギを握られています。04年９月、全米ライフル協会は「襲撃銃《しゅうげきじゅう》禁止法」＊を失効させるならブッシュ大統領の再選を支持すると表明しました。ブッシュ大統領も

＊襲撃銃禁止法：ＡＫ47など19種類の小銃や、引き金を引いていれば銃弾が連続発射する半自動小銃を主に規制した法律。この法が２００４年９月に期限切れになり、更新されず10年ぶりにこれらの銃の販売が再開されることになった。

それに応えて、「襲撃銃禁止法」の更新をしないことを公約しました。その結果、この法律は更新されず廃止され、結局ブッシュ大統領も再選しました。そして現在アメリカでは州で規制していない地域では、ＡＫ47カラシニコフに匹敵する殺傷力《さっしょうりょく》の高い小銃の販売が可能になっています。

武器メーカー・兵器産業は莫大な額のお金を国際的な武器貿易で動かし、先進国や大国に経済的な利益をもたらしています。通常兵器を輸出しているアメリカ、イギリス、フランスの３カ国が武器貿易によって得ている利益は、この３カ国が発展途上国に対しておこなっているＯＤＡ（政府開発援助）の額よりも多いのです。つまり、これらの大国は貧困問題などの解決のためにお金を使っていますが、それ以上のお金を武器貿易によって、発展途上国から吸い上げているのです。

世界全体の発展途上国に対する援助額の合計は約６００億ドルですが、武器生産などの軍事費はこれをはるかに上回る９０００億ドル以上です（Amnesty, Oxfam, International Action Network on Small Arms）。とくに世界の軍事企業トップ１００社の総売り上げは９９２６億ドル（約１０６兆円＝03年）に達し、世界の貧しい国の61カ国分の国内総生産（ＧＤＰ＝合

世界の主な兵器製造メーカー

社名(国)	軍需売上(億ドル)	軍需依存度(%)	従業員数(万人)
1.ロッキード・マーチン(米)	186.10	73	13.0
2.ボーイング(米)	169.00	33	19.8
3.BAEシステムズ(英)	144.00	78	8.5
4.レイセオン(米)	101.00	60	9.4
5.ノースロップ・グラマン(米)	66.60	87	3.9
6.ジェネラル・ダイナミクス(米)	65.20	63	4.3
7.EAD(仏独西)	53.40	24	8.9
8.タレス(仏)	51.60	61	5.7
9.リットン(米)	39.50	71	4.0
10.TRW(米)	33.70	20	10.3

フランス＝ダッソー・アヴィアシオン、国営造船所DCN、国営GIATアンデュストリー
イタリア＝フィンメッカニカ(航空機、ミサイルなどの企業グループ)

軍需売上高ベスト10企業のうち7社までが米国企業

英航空宇宙産業が合同したBaeが独H&Kを吸収合併

独DASA(ダイムラー・クライスラー社航空宇宙部門)、仏アエロスパシアル・マトラ、西CASAが合同。オランダ法人

資料:SIPRI年鑑2002年版

米三大兵器メーカーはブッシュ政権の「対テロ戦争」で最大の恩恵を受けている。特に最大手のロッキード・マーチン社は、ブッシュ元大統領(父)の在任中から、ブッシュ大統領家との緊密な関係で知られ地元テキサス州にはF-16、FA-22両戦闘機の大規模工場がある。

ブッシュ米大統領(AP)

カリフォルニア州にあるロッキード・マーチン社工場で、次期統合攻撃戦闘機(JSF)F-35＝写真後方＝について米軍関係者に説明するロッキード社幹部＝AP

世界の主な兵器製造メーカー（東京新聞、２００４年８月22日）

計1兆1010億ドル）にほぼ匹敵する額になっています（ストックホルム国際平和研究所）。

もし、このお金が福祉や教育に使われれば、どうでしょう。下の円グラフを見てください。これを見ると世界で使われる一年間の軍事費でどんなことが実現できるかわかります。

■世界の軍事費（9000億ドル）でできること

・重債務貧困国の債務免除
・世界の兵器の廃棄
・食料援助（8億人へ1年分）
・すべての地雷除去と義足のプレゼント
・人道援助
・アフガン復興
・砂漠化防止　など

これらすべての費用をまかなうことができるのです。お金の問題だけでいえば、私たちの「意思」次第で、今、世界がかかえている問題を解決することが可能なのです。解決するためのお金がないわけではないのです。

●世界の軍事費でできること
英国国際戦略研究所資料
http://iiss.org/
米国モントレー国際研究所資料
http://cns.miis.edu/
ストックホルム平和研究所
http://www.sipri.org/
などより作成

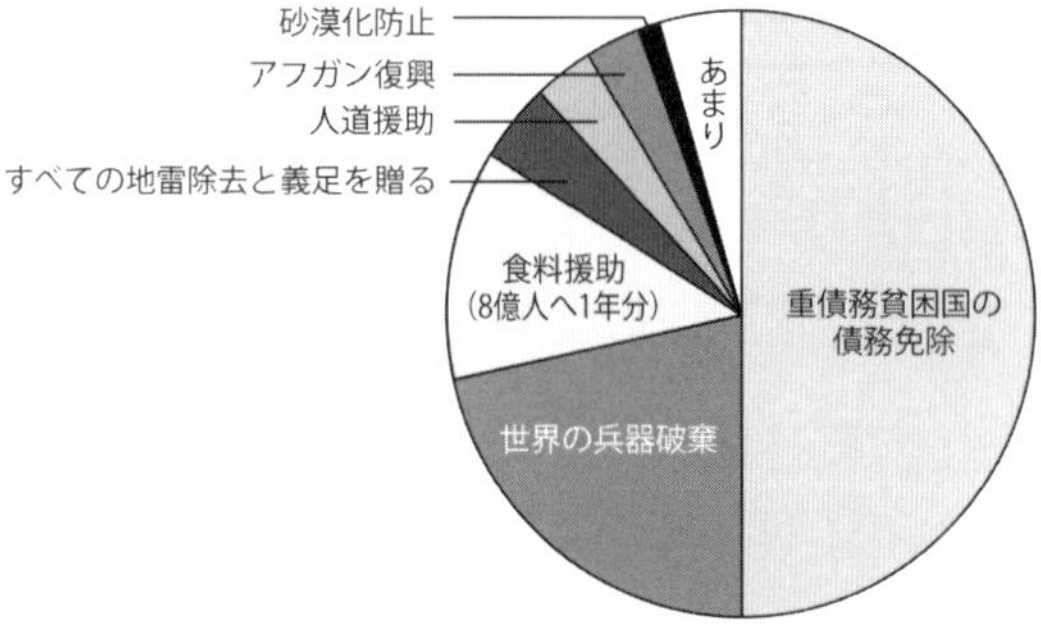

しかし、世界中、とくに先進国や大国には武器ビジネスや兵器産業に勤めたり、経済的な関わりを持つ人びとがたくさんいます。武器の生産や貿易を減らすということは、そのような人びとや国にとってみると、それだけ仕事や利益が減るということになります。そのことが小型武器の規制をむずかしくしている大きな原因の一つです。

どのようにしたら、この問題は解決することができるのでしょうか？

資源と武器の悪循環

子どもたちが兵士として駆り出されていくもっとも直接的な理由は「紛争が存在する」からです。そして、子ども兵が使われている最近の紛争地域の多くが、石油やダイヤモンドなどの産地です。石油やダイヤモンドは「世界市場」で売買される商品ですから、その取引は大きな富を生み出します。この生産地をめぐる争奪戦が各地で多発しているのです。実際に、近年起こった約50の戦争と紛争の４分の1は、合法あるいは違法な「資源採取」と深く関わっていたと報告されています。１９９０年代に起こった資源に関する紛争で５００万人以上の人々が殺害され、６００万人近くが近隣諸国へ避難し、１１００万〜１５００万人が自国内で避難民になっているのです（『地球白書２００２-03版、２００５-06版』）。

このような資源の争奪をめぐる地域紛争は、小規模の戦闘が主で、その主役は小型武器です。その小型武器は石油やダイヤモンドを売った資金で買われるのです。つまり、「資源の輸出→小型武器の購入→紛争の激化→さらなる武器の購入→資源輸出→武器購入……」の悪循環が起こるのです。

アフリカのアンゴラがその典型的な例です。アンゴラは１９７５年、ポルトガルから独立しましたが、米・ソそれぞれの支援を受けた国内勢力が対立、すぐに内戦が起こりました。内戦の原因はアフリカ最大といわれる石油資源、ダイヤモンドで、米・ソどちらの陣営がこの資源を獲得するのかを決める大国の代理戦争でした。93年から94年の1年間は「史上最悪の戦争」と呼ばれ、死者数は１５０万人にものぼりました。対立する勢力は石油やダイヤモンドを外国に売って、そのお金で武器を購入し、自国民同士が殺しあいました。なんと福祉や教育に使われる予算の3倍もの額が武器購入などの戦費に費やされていたといわれています。

しかし、国内では100人のうち30人は6歳になるまでに命を落とし、国民の3分の2が一日当たり1ドル以下で生活し、難民が400万人も出ていました。8歳の子どもを含む約1万1000人が子ども兵として戦場に駆り出されました。

この内戦の最中、アンゴラの石油で利益を上げていたのは、実はアンゴラの企業ではなく、シェブロン社、エルフ・アキテーヌ（現トタルフィナエルフ）社、BP社、エクソン・モービル社など先進国の石油会社で、それらの石油を消費していたのはアメリカや日本などの先進国に住む人びとなのです。イギリスのNGOである「グローバルウィットネス」は、これらの石油会社はアンゴラの内戦を永続させている共犯である、と告発していました。2002年、ついに停戦合意文書が調印され、国家再建と和平への兆《きざ》しが見えてきていますが、内戦は27年間も続いたのです。

アンゴラ内戦の原因が石油とダイヤモンドだとすると、シエラレオネではダイヤモンドが紛争の原因になっています。シエラレオネで採取されたダイヤモンドは「紛争ダイヤモンド*」と呼ばれ、イギリスのNGOは「血塗られたダイヤモンドキャンペーン」と名付けてダイヤモンド紛争に関わる先進国

＊紛争ダイヤモンド：1991年以来、内戦が続くアフリカのシエラレオネでは、反政府派武装勢力が支配地域から採掘したダイヤモンドの密輸で得た資金で武器を調達している。密輸ダイヤモンドの買い付けを止めて、武器調達の資金を断つという議論が国際的に検討されている。

の企業を批判しました。シエラレオネの大使も「シエラレオネで起こっている紛争の原因は1から10までダイヤモンドだ」と語っています。ダイヤモンドのような高価な宝石を購入するのはいうまでもなく、豊かな人びとです。

コンゴ民主共和国では1千トンから1千500トンのタンタル鉱石*を産出していますが、それが紛争の原因になっています。タンタル鉱石は超小型コンデンサーに欠かせない希少鉱物で、携帯電話、ノートパソコンなどの電子機器に使用されています。コンゴ民主共和国では諸外国の企業が、反政府勢力の支配する鉱山から直接、鉱石を購入してきました。その結果、鉱物の販売権利をめぐって、反政府勢力を構成するグループの間で内紛が起こり、それが拡大して内戦が激化・長期化しました。

外国の企業が紛争地域の資源を大量に購入すれば、紛争当事者に莫大《ばくだい》なお金が入り、その配分をめぐって争いが起こります。お金は武器に変わりさらに紛争が拡大していきます。紛争地域の資源を大量に使う行為自体が紛争に油を注いでいるのです。コンゴ民主共和国では3万人以上の子ども兵が内戦に巻き込まれました。

紛争地域で採取された木材資源や石油などのエネルギーを購入し、消費して

*タンタル鉱石：世界の主な鉱山はオーストラリア、カナダ、ロシア、エチオピア、コンゴ民主共和国にある。

いるのは、紛争地域の人びとではなく、主に先進国の私たちです。私たち一人一人のライフスタイルが小型武器・子ども兵の問題につながっています。

戦争の根本原因って何だろう？

さきほど、クロアチアの元少女兵のサビナさんの話をしましたが、もう一人ぼくの印象に残っている人がいます。ミカラッチさんというセルビア人の元兵士で、クロアチア人のサビナさんとは敵同士だった人です。

ユーゴスラビアへのＮＡＴＯ軍の空爆*が終わった２０００年のことです。あるとき彼に「戦争の原因っていったい何だろう？」と問いかけたことがありました。「戦争の原因を知りたければ、『誰が得をしたか』考えてみればその答えがわかる」と彼はいいました。そしてこんな話をしてくれました。

「ユーゴ紛争の原因を民族や宗教の違いと決め付ける人は多いが、『民族の違い』というのは、戦争の原因ではなく結果なんだ。経済的な利益を得るた

＊ＮＡＴＯ（北大西洋条約機構）軍の空爆：米国を中心とする英、仏、独、伊などの軍が、99年3月、ユーゴスラビアを空爆した。

めに戦争をしたいと思う人たちによって、『民族の違い』が煽《あお》られ、分離させられ、その結果、民族間の紛争が続いている。

私はセルビア人の父とクロアチア生まれの母の間で生まれた子だ。セルビアの兵士として、母の生まれ故郷と戦うことは本当につらかった。

結局、紛争で得をしたのは、私たちセルビア人でもなければ敵のクロアチア人でもない。さらに私たちの国を空爆したＮＡＴＯ軍の兵士でもない。クロアチア人もセルビア人もどちらも家族を殺されたり、家を失って難民になったりして、誰も得をした人間はいなかった。ＮＡＴＯ軍の兵士たちだって、人間の住む町の上に爆弾を落としていて、幸せな気持ちではなかったと思う。

得をしたのはごく一部の権力者と私たち兵士が使う武器や戦闘機を売って莫大なお金をもうけた軍事産業、そして戦争の後、ビジネスにやってくる欧米の企業なんだ。

戦争というのは石油や資源の利権など必ず経済的な利害が絡んでいるもんだ。これが、戦争の原因だと私は思っている」

彼がいっていたことは、戦争の原因の本質を言い当てていると思います。民族間で血で血を洗うようなユーゴ紛争を実際に戦ってきた彼が、『民族の違い』は戦争の原因ではなく『結果』であり、本当の原因はお金（資源、ビジネス）といっていたことは経済（お金）大国である私たち日本人に対しても大きな問い掛けなのです。

つまり、子ども兵や小型武器がなくならない理由は、

①子ども兵や小型武器の国際的・国内的な規制が不十分であること。
②主に先進国や大国が武器を生産し、経済的な利益を得ていること。そして、それを紛争当事国が買っていること。
③石油やダイヤモンドなどの資源を獲得するために紛争が続いており、そのような紛争には小型武器がたくさん使われていること。そして、その資源を豊かな人々が大量消費していること。
④グローバルな経済活動の結果、貧富の格差、社会的な不平等が拡大して、それが社会的な不安や紛争の原因になっていること。

このように、子ども兵と小型武器がなくならない背景には、以上のような要因が複雑に絡み合い、先進国に住む私たちの政治や、経済的な活動などが、とても大きく影響しているのです。つまり、子ども兵と小型武器の問題は、遠いアフリカの国々の話ではなくて、実は日本に住む私たちがその原因にな

っているともいえるのです。

でも、私たちに原因があるということは、私たちにこの問題を解決する力と可能性があるということです。私たちにできることがたくさんあるということです。私たちに何ができるか、第10章で考えていきたいと思います。

グローバルキャンペーン会議（05年４月15日〜17日ケニア・ナイロビ）

『世界に氾濫する小型武器を含む通常兵器を規制するため、世界70カ国以上から市民・NGOの活動家が200人以上が集まり、世界規模で共通の目的を促進し、国レベル、地域レベルで行動していくことに合意。市民（NGO）が主催する会議としては過去最大規模のものとなった。日本からは、テラ・ルネッサンス、オックスファム・ジャパンが参加した』

第8章　世界中で子ども兵士をなくす取り組みが始まっている

国際法で子ども兵を禁止する

子どもたちを兵士にさせないようにするためには、徴兵《ちょうへい》の年齢をきちんと決めることが重要です。現在の世界を見回してみると、徴兵年齢を決めている国は約１００カ国しかありません（１９９４年：国際赤十字委員会）。徴兵制度を持つ国すべてに徴兵の年齢を決めてもらわねばなりません。それも18歳以上でなければなりません。

国際的に徴兵年齢を定めている条約がいくつもあります。「ジュネーブ条約」（第77条第２項／追加議定書１９７７）「ジュネーブ条約」（第４条第３項／追加議定書１９７７）、そして国連「子どもの権利条約」（第38条）です。

とくに「子どもの権利条約」は子どものさまざまな権利を守るために制定された条約で世界でいちばん署名国が多い条約です。しかし、その条約の中では、子どもとは18歳未満の人びとと定義していますが、徴兵をしてはいけない年齢は15歳以下だとしているのです。

＊徴兵：国民に兵役の義務を課し、強制的に一定期間軍隊に徴集すること。その制度。拒否すると法律に違反することになり、罰せられる。徴兵される年齢は国によって相違がある。

そのためいくつかの国やNGOが、徴兵できる年齢も18歳に引き上げようと呼びかけ、2002年に「子どもの権利条約／選択議定書」を発効しました。この議定書の中では、18歳未満の子どもたちを徴兵してはいけないとしています。現在、この選択議定書には100カ国以上が署名・批准しています。

国連で子ども兵の実態を調べはじめた

国連では子ども兵も含めた、紛争の最中に生きている子どもたちがどのような状態にあるのかを調べるために、「国連児童の武力紛争による影響審議会」を設立しました。この審議会の議長はモザンビークの人権活動家のグラサ・マシェルさんで、国連に提出した審議会のリポートを「マシェルリポート」(1996年）と呼んでいます。「マシェルリポート」には子ども兵の実情がくわしく書かれていて、世界中の人びとが子ども兵の存在に関心を持つきっかけとなりました。

問題を重く見た国連は、「武力紛争における子どものための国連事務総長

グラサ・マシェルさん：アフリカを代表する女性活動家・人権活動家で、ネルソン・マンデラ元南アフリカ大統領夫人。国連から専門家に任命され、1996年「武力紛争が子どもにおよぼす影響」を国連総会に報告。戦争と子どもについて国際的に提言を行っている。

(http://www.fasngo.org/index.html)

特別代表」という役職を設けて、オララ・オトゥヌさんを任命しました。彼は世界中の紛争の中を生きる子どもたちのもとを訪れ、子どもたちの現状を調べ、多くの人びとに伝えました。

ＮＧＯ（非政府組織）の取り組み

国連や政府機関だけでなく、市民も活動を始めています。１９９８年６月に「子ども兵禁止のための世界連合（ＣＳＣ）」(http://www.child-soldiers.org/) がアムネスティ・インターナショナルやヒューマンライツウォッチなどのＮＧＯによって設立されました。今では３００ものＮＧＯが加盟しています。さまざまな地域のＮＧＯがいますので、世界各地の子ども兵の状況を分担して調査し、報告書を作成するなどの活動をしています。

「子ども兵禁止のための世界連合」に加盟している世界各地の団体はそれぞれの独自性を活かして、元子ども兵への直接的な支援活動を展開したり、子ども兵問題を一般市民に知らせるための講演会や報告会などの開催、「子ど

オララ・オトゥヌさん：97年から05年の8年間、「武力紛争下における子どものための国連事務総長特別代表」として紛争下の人権侵害や暴力などを根絶するために多大な貢献した。
(http://www.un.org/special-rep/children-armed-conflict/index/.html)

もの権利条約の選択議定書」の批准国を増やすための各国政府への働きかけなどをおこなっています。日本ではテラ・ルネッサンスがこのネットワークに加盟しています。

地域レベル（被害国）での取り組み

子ども兵が存在する国々で、子どもたちを兵士にさせないためにどんな取り組みが必要なのでしょうか。

①出生証明書を子どもたちに与える

まずは子どもたち全員に「出生証明書」を与えることです。子ども兵の中には自分が何歳だかわからない子がたくさんいます。子どもたちに出生証明書が与えられていないということは、その社会に存在する証明がないに等しいことで、国や地域から保護を受ける機会を失うことにもつながります。出生証明書をとるには時間がかかり、手続きも複雑であるために、証明書を取得しない子どもも多いのです。まずは出生証明書で自分の年齢が何歳なのかを、子どもたち自身がしっかり知ることが必要です。

②大人たちへの働きかけ

子どもたちだけでなく、大人たちにも子どもを兵士にさせないための働きかけ（教育）が重要です。学校の先生や、村長さんなどの地域のリーダーに、子どもを兵士にすることが国の法律に、また国際条約に違反していることを教えることで、その地域に、その国に、子どもを兵士にしてはいけないという機運を高めることができます。それは大きな力になります。

そして、地域のリーダーたちがＮＧＯと協力をして、子どもを兵士にしようとする勢力の動きを監視することが必要です。彼らが子どもたちを連れ去って兵士にしないように、彼らが近づいてきたら、子どもたちをかくまったりして、彼らの手に渡さないようにしなければなりません。

③子どもたちが社会に復帰するための支援活動

一度、兵士として洗脳《せんのう》された子どもたちが村にもどっても教育の機会が奪われていたため、一般社会で働くための技術や知識を持っていないことが多いことから、せっかく、軍隊から抜けてきたのに、また軍関連の仕事にもどってしまうことがあります。ですから、除隊できた子どもたちが二度と兵士

テラ・ルネッサンスが運営する元子ども兵社会復帰センターにて。洋裁の職業訓練クラスの様子

にされないための取り組みが必要なのです。

世界各地で除隊した子どもたちに教育の機会を与えたり、職業訓練をおこなうなどの取り組みが始まっています。ウガンダでは、テラ・ルネッサンスが元子ども兵の社会復帰のための再教育や職業訓練などをおこなっています。例えば、カウンセリングや職業訓練などを実施し、経済的に自立できるように所得向上の補助をしたり、安心して生活できるように地域住民との相互扶助（助け合い）活動を促進したりしています。これまで多くの元子ども兵が社会復帰を果たし、今ではそのほとんどが一般市民と変わらないだけの収入を得て、村々で生活を再建しています。

④貧困問題への取り組み

貧しさゆえに、子どもたちが自ら兵士にならざるを得ない状況があります。子どもたちが兵士にならなくても、衣食住を満たし一定水準の生活をしていけるようにしていく必要があります。これは大きな問題ですが、貧困問題に取り組むことは、子ども兵問題にとっても不可欠なのです。

現在、世界中の貧しい地域で、さまざまなＮＧＯや政府、国連が貧困問題に取り組み、直接現地に食料や医薬品を届けたり、現地にスタッフが駐在し

社会復帰のための訓練を修了して、グループで洋裁・服飾デザインの店を開いている元子ども兵たち（ウガンダ北部グル市）

て、貧しい人びとへの支援をおこなったりしていますが、大切なことは現地の人たちが外からの支援に頼らず、自分たちで収入を得て経済的に自立していくことです。

そのためには長期的な支援が必要です。国連では2015年までに貧困層を約半分に減らすことを目的とした「ミレニアム開発目標」(73ページ参照)を設けて、貧困者の削減に取り組んでいます。現在、私たちの住む世界では、約10億人が慢性的な貧困に苦しみ、毎日3万人以上が餓死《がし》しています。この事態は人類史上最悪の出来事といえますが、同時に、国連や政府だけでなく、たくさんのNGOや市民が国境を越えて貧しい人びとのために行動を起こしています。これはかつてなかった新しい人類の試みです。

元子ども兵に対する心理社会支援（グループセラピー）の様子

第9章　世界中で小型武器を規制する取り組みが始まっている

1992年から始まった小型武器の規制

子どもが武器を取って戦わなくてもよい社会をつくるためには、どうしても小型武器の問題と取り組まなくてはなりません。小型武器が存在することで、子どもたちも武器を取って戦うことが可能になっているからです。

国際社会も小型武器が世界中に出回っていることの危険性を感じていました。1992年、ガリ国連事務総長が「平和への課題―追補」という報告書のなかで、国連として小型武器問題を真正面から取り上げることを宣言し、それ以来、国連は専門家による小型武器の研究グループを組織し、小型武器問題に関する国際会議の開催を提案しています。2001年には「国連小型武器会議（小型武器の非合法移転のあらゆる側面に関する国連会議）」で、「非合法取引禁止の行動計画」が採択されました。

会議の中では、とくにアメリカが「市民の銃を持つ権利」を盾に、「行動計画」の採択に最後まで反対しましたが、小型武器による被害を肌で感じて

小型武器問題のワークショップに参加したカニャゴガ村の子どもたち。戦争孤児、元子ども兵などがいる（05年9月、グル市にて）

いるアフリカの国々は、「行動計画」を採択させるために、アメリカに対してギリギリの譲歩をおこない、採決を勝ち取ることができました。この「非合法取引禁止の行動計画」では、刻印《こくいん》制度（小型武器にどの国が製造したのか印をつけること）、輸出基準をきびしくするなどで、小型武器の非合法な流通を未然に防ぐことなどを目指しています。

国連小型武器会議

２００３年7月に開かれた「国連小型武器会議」の中間会合の議長として当時、国連軍縮会議日本政府代表部特命全権大使であった猪口邦子《いのぐちくにこ》さんが満場一致で選ばれました。この「中間会合」の目的は2年前に採択された「非合法取引禁止の行動計画」がきちんと実施できているかを確認するためのものでした。「問題を訴えることのできない人びとの嘆きを世界の議場に届け、小型武器問題と戦う各国の政治的意思を引き出すことが私の悲願でした」と猪口さんは語っていました。

この会議では、国連会議ではめずらしいことですが、ＮＧＯにも意見を発

アナン国連事務総長と猪口邦子さん

表する機会が与えられました。これに対して、自分の国の小型武器の取り組みを批判されるかもしれないと考えた国の中には、国家間の話し合いの場にNGOが意見を発表する機会を与えることに反対したところもありました。

そんな国々に対して猪口議長は、「あなたはルワンダ*の村に行って、元子ども兵の小型武器を回収し破壊することができるでしょうか。実際におこなっているのは誰なのでしょうか。それはNGOです。世界中の市民、学生であり、その代表なのです。NGOはれっきとしたパートナーなのです」と、このように説得しました（参考：難民を助ける会総会での講演録）

この「中間会合」が終わりに近づいたころ、まるで2年前の会議で起こったアメリカとの対立をことさら強調する動きをいくつかの国がおこないました。一国でも反対すれば、せっかくの会議の意義が半減してしまいます。会議場は静まり返り、誰もが議長の対応を見守っていました。そのとき、小型武器で多くの国民の命を失っているシエラレオネの国連大使が手を挙げて発言しました。

「この会議の成果を無にしてはいけない。小型武器問題と戦う合意が、ここまで勢いを得たというのに。被害国の苦しみや悲しみに、猪口議長は誠実に

＊ルワンダ：第一次世界大戦終結までドイツ植民地、以後はベルギーの支配下に置かれ、1962年に独立。少数派のツチ族と多数のフツ族がいる。ドイツやベルギーは少数派のツチ族を重用、ツチ族支配に反抗したフツ族が73年にクーデターを起こして、政権を握る。90年内戦が起こり、93年に和平合意に至るが、翌年フツ族の大統領が暗殺されたため再燃。これを機にフツ族によるツチ族の大量虐殺が起こり、全人口800万人のうち少なくとも80万人が殺害されたといわれている。

国際平和の日*のパレード（05年9月21日。ウガンダ、グル市にて）
平和の鳩*を掲げ、「これ以上子ども兵と小型武器を増やさないで」と書いた横断幕を持つチャイルドマザーたち。チャイルドマザーとは、ゲリラ軍に拉致され、大人兵士と強制結婚させられ、出産し、その子どもを連れて逃げ帰ってきた元少女兵たちのこと。「神の抵抗軍」（17ページ参照 ）に拉致された少女たちのほとんどは性的な虐待を受けている。

＊国際平和の日：国連総会の決議で、02年から毎年9月21日を国際平和の日とする。世界中で停戦と非暴力を実行する日として、国連、平和を願うＮＧＯ、市民などがさまざまなイベントを開催している。ＩＡＮＳＡ（国際小型武器行動ネットワーク）のメンバーもこの日に小型武器問題の啓発活動やパレードを世界各地で実施している。

＊平和の鳩：ジェーン・グドール女史（４ページ参照）が国連平和大使に任命されたことを記念して２００２年に始められたセレモニーの一つ。ジェーン女史が提唱するRoots and Shoots（新芽と根っ子）の活動を実践するグループ（世界68カ国、約３０００の若者たち）が中心となって毎年、国際平和の日に合わせて白い大きな鳩を手作りし、平和の象徴としてパレードなどで掲げている。アメリカやウガンダ、エクアドル、インドネシア、日本など世界各地でおこなわれている。

【関連ＨＰ】
ルーツ＆シューツＨＰ
http://www.rootsandshoots.org/
ジェーン・グドール・インスティチュート・ジャパンＨＰ
http://www.jgi-japan.info/

平和の鳩を掲げる元少女兵

『もし、あなたが戦争のある村で育ったなら……
「平和」とは叶わぬ夢だと思ったかもしれません。
「平和」とは願っても実現しないもとあきらめたかもしれません。
しかし、紛争の最中に生まれ、「平和」を知る術もなく生きてきた
この子どもたちの笑顔は平和そのもの。
平和とは教えられずとも人の心にあるもの。
平和を夢見て、平和を願い、平和を語り、平和への行動を起す。
やがて、かれらの行動は平和を願うすべての人々の大きな希望となる。
2005年9月21日、「国際平和の日」ウガンダ北部カニャゴガ村にて』

現実的に取り組んだ。私は議長を支持する。強く支持する」

シエラレオネ大使のこの演説に続いて、ナイジェリア、ブラジル、パキスタン、アラブ諸国などの代表が立ち上がり、お互いの過去の傷の大きさを強調して解決への道を閉ざすより、「未来へと議場を引っ張った議長を支える」という発言があいつぎました。過去に止まるのではなく、問題を解決するために一歩を踏み出そうという考えが議場を包みました。議長総括を添えた報告書は全会一致で採択され、その瞬間、議場から大きな拍手がわきあがりました。猪口議長が閉会を宣言すると、各国代表団が一気に議長席に走り寄り、押し合いながら握手を求めてきました。

「ありがとう！　不可能に思えたことが成功した。議長として我々の大陸を助けてくれた」。アフリカ諸国代表の他、アジア、バルカン、中南米の紛争地域からの代表も輝くばかりの笑顔で、涙ぐんでいる人もいました。モザンビーク出身のホンワナ国連通常兵器課長が「こんなに多くの国が議長に率直に喜びを表現する会議を私は見たことがない」と語っていたといいます。

「私、シエラレオネのような被害国を助けようと思って議長を務めたのですが、逆でした。最も深い犠牲を被っている国が、国連議長を助けたのです。

この日のイベントには、元子ども兵約50人、戦災孤児、エイズ孤児の子どもたち約50人が参加し、小型武器問題のワークショップや平和を願うダンスやピースパレードを実施した

政府軍との戦闘で目に弾丸を受け失明したジェームスさんと妻のジャネットさん。

ジェームスは10歳のときに誘拐され21歳までの11年間、「神の抵抗軍」の兵士として戦闘に参加した。ジャネットは10歳のときに誘拐され22歳まで12年間、「神の抵抗軍」に拘束された。

2人は少年兵・少女兵の時期に結婚し、とても仲の良い夫婦になった。いまは共に社会復帰に向け歩み始めている。ジェームスは、ジャネットのことをかけがえのない妻だと思い、ジャネットは夫の目になることが自分の役割と心得ている。この日のパレード中も、ジェームスの横にはいつもジャネットがいて手を握っていた。

多国間主義の真実です。皆、だれかに助けられている。そして皆だれかを助けている。大国も小国も」（猪口邦子「論座」朝日新聞社、２００３年９月号）

アフリカでの動き

国連を舞台にした小型武器の規制の動きは、確実に地域レベルにも波及しています。ケニア政府の呼びかけによって、２０００年３月「大湖地域及びアフリカの角地域における不正小型武器の拡散に関するナイロビ宣言」が採択されました。

この宣言には、参加国が小型武器の所有・移転を正しく管理するための法律をつくることなどの約束ごとが盛り込まれています。大湖地域およびアフリカの角地域というのは、アフリカの中で小型武器の被害がもっとも深刻といわれている地域で、会議にはブルンジ、コンゴ民主共和国、ジブチ、エチオピア、エリトリア、ケニア、ルワンダ、スーダン、ウガンダ、タンザニアなどが参加しました。

しかし、宣言文というのは法的拘束力を持ちません。これでは不十分だと、

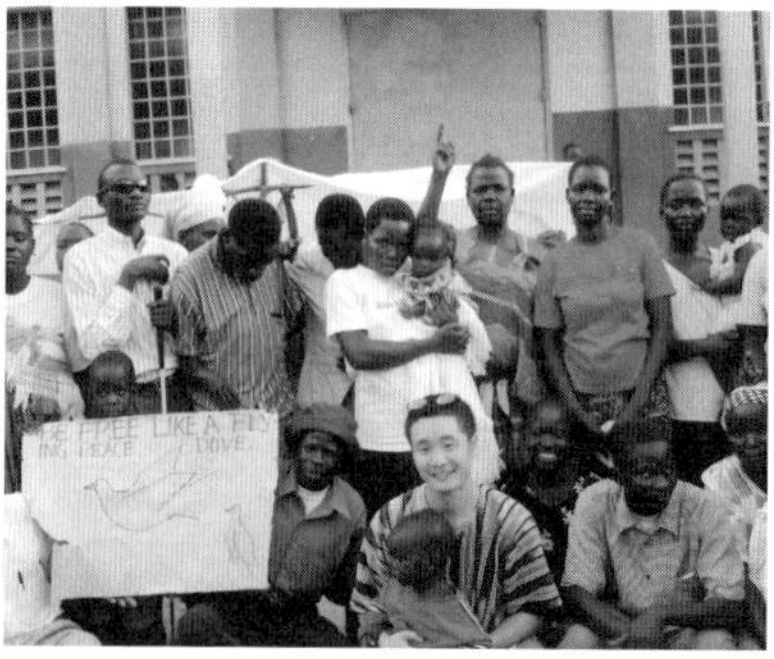

最終地点のカニャゴガ村にて元子ども兵たちと記念写真（中央に小川）

東アフリカ（大湖地域およびアフリカの角地域）のＮＧＯと政府は協力して、04年に法的拘束力のある「ナイロビ議定書」を採択しました。この議定書は地域レベルではありますが、世界ではじめて国際的に小型武器を規制した法的拘束力のある取り決めです。この議定書の採択が小型武器の問題に取り組む世界中の他の地域のＮＧＯや政府にとって大きな希望となりました。

世界規模のネットワークが誕生した

世界中で小型武器問題に関心を持つＮＧＯも活動を始めています。代表的な活動の一つが１９９８年に結成された「国際小型武器行動ネットワーク」（ＩＡＮＳＡ＝アイアンサ）というネットワークで、これまで小型武器の回収や人権問題、開発、教育などの分野に関わってきた約１００カ国から約６００のＮＧＯが加盟しています。そのなかには、小型武器の犠牲になっている国も、子ども兵がいる国も、小型武器の規制に賛同している国も、そして、小型武器を作っている国も、輸出している国も、小型武器の規制に反対している国も含まれています。

活動している国・地域はさまざまですから、小型武器に関するさまざまな情報を集めることができます。その情報が各国政府や市民に提供され、小型武器問題に対する関心や具体的な取り組みを促進しています。

「コントロールアームズキャンペーン」――「武器貿易条約」の実現に向けて

「国際小型武器行動ネットワーク」と「アムネスティー・インターナショナル」「オックスファム」が一緒になって、2003年10月に「コントロールアームズキャンペーン」が世界的規模で始まりました。このキャンペーンの目的の一つは、「武器貿易条約」*を実現することです。「武器貿易条約」とは、重大な人権侵害や人道上の危機をもたらすような武器取引を世界規模で規制しようという条約で、国際法などを研究している学者グループらが草案を作成しました。小型武器を含む通常兵器の取り引きを規制するこの国際条約が結ばれれば、小型武器による悲劇をなくすための大きな一歩になります。

＊武器貿易条約（Arms Trade Treaty）：国際人権法および国際人道法に反する可能性がある場合など、非合法の武器移転を禁止することを目的とした国際条約。03年10月にアムネスティ・インターナショナル、オックスファム、IANSA（小型武器国際行動ネットワーク）などが立ち上げた「コントロール・アームズ」国際キャンペーンの主要な目標。

キャンペーン開始から世界中の市民やNGOらが声をあげて後押しした結果、3年後の2006年、国連総会第一委員会で日本政府らが共同提案国となり、この条約に向けての決議がなされました。そして同年12月には国連総会にて圧倒的多数（反対票はアメリカのみ）で条約を形成していくための議論が開始されることになりました。当初は不可能といわれていた条約の成立に向けて、世界各国の決意が一致したのです。そして現在も条約を実現するためにNGOらが活動を続けながら、国連でのプロセスが進んでいます。

ベッカム選手も参加した「ミリオンフェイスキャンペーン」

「武器貿易条約」の実現に向けて、「100万人の顔署名による署名運動」（ミリオンフェイスキャンペーン）という取り組みをしました。署名というと、通常は名前や住所を署名用紙に記入しますが、このキャンペーンでは、顔写真を一緒に付けるという方法でおこなわれました。サッカー選手のデビッド・ベッカムさんやドキュメンタリー映画監督のマイケル・ムーアさん、ノーベル平和賞受賞者のツツ大司教、女優のアンジェリーナ・ジョリーさんなどの著名人も参加し、世界中から１００万人分の顔署名が集まりました（参照：http//www.controlarms.jp）。日本からは約1万人の人びとが顔署名を寄せました。

集まった署名は、２００６年に行われた国連での会議で国連のアナン事務総長（当時）に届けられました。そして、この約3カ月後に、さきほど述べた武器貿易条約に関する決議が国連第一委員会でなされたのです。

対人地雷の禁止も夢だった

しかし、国際的に法的拘束力《ほうてきこうそくりょく》のあるこの「武器貿易条約」を制定することはそんなに簡単なことではありません。武器を規制するまでにはさまざまな障害が予想されます。たとえば、武器を生産している企業やそれを大量に輸出して利益を上げている国々、またその武器を使って自分の領地や勢力を守っているグループなど、さまざまな利害を持つ人びとと交渉し説得し、調整

国連会議のロビー

していかなければいけません。武器をめぐる利害関係の複雑さを考えると、世界規模の条約制定など「夢のまた夢」という専門家たちもいます。実際にそういわれてもしかたがないほど、この条約制定は困難だというのが現状です。しかし、一人一人がわずかな希望でも捨てないで、あきらめずに進んで行けば、不可能と思われるこの条約の制定も実現できるはずです。

過去にも例があります。たとえば、小型武器の一つである「対人地雷を全面的に禁止する夢」です。対人地雷を全面的に禁止する国際条約*も、１９９７年に制定される前は、アメリカやロシア、中国の強力な反対があり、「夢のまた夢」といわれていました。国連で20年近く議論され続けていましたが、一向に全面禁止にはいたりませんでした。しかし、世界中の千以上の市民団体・ＮＧＯが協力して「地雷廃絶国際キャンペーン」というネットワークを作り、「対人地雷全面禁止条約」の制定のためにさまざま取り組みをおこない、その結果、カナダ政府など中小国の協力で条約制定までたどり着いたのです。

後に、「地雷廃絶国際キャンペーン」はノーベル平和賞を受賞しました。最初、このネットワークを作ろうと声を上げたのはたった６つのＮＧＯでし

＊対人地雷全面禁止条約（対人地雷の使用、貯蔵、生産及び移譲の禁止並びに廃棄に関する条約）：国際的に対人地雷を規制している国際条約。オタワ条約などとも呼ばれる。この条約は、対人地雷の使用、開発、生産、貯蔵、保有、移譲などを禁止している。締約国は、この条約で禁止されている活動について他国を援助、勧誘、奨励することを禁止される。締結国は、すべての対人地雷を廃棄し、撤廃を確保しなければならなず、そのための立法上、行政上、その他のあらゆる適当な措置（罰則を含む）をとる義務がある。

＊地雷廃絶国際キャンペーン（International Campaign to Ban Landmines＝ＩＣＢＬ）：92年に６つのＮＧＯから始まった対人地雷の全面禁止を理念に掲げる国際的キャンペーン。現在では90カ国を超える諸国から約１４００の団体が参加している。地雷問題を軍縮だけでなく人道問題と位置づけたことや、政府とＮＧＯが協力して取り組むアプローチを提唱したことなどが評価され、97年にノーベル平和賞を受賞している。関連サイト：http://www.icbl.org

た。それが「地雷は非人道的な兵器」という思いが徐々に世界中に広がり、日本でも「地雷廃絶日本キャンペーン（ＪＣＢＬ）」が始まり、大きなうねりとなって条約制定にまで至ったのです。この条約の結果、地雷の製造、輸出、使用が減り、犠牲者も年間約２万６千人から、現在約５千人近く（２００８年）にまで減少しています。

小型武器の規制は対人地雷以上に複雑な問題を抱えていますが、それでも、この「対人地雷禁止条約」ができたときのように、世界の市民、ＮＧＯが夢を夢で終わらせない気持ちと一人でも犠牲者を減らしたいという思いを持ち続ければ必ず実現するはずです。

小型武器の回収活動

世界の市民、ＮＧＯは小型武器の規制に向けた取り組みだけでなく、すでに世界中に蔓延《まんえん》している小型武器の回収活動も進めています。

たとえば、日本小型武器対策支援チーム（ＪＳＡＣ）が、ＯＤＡ（政府開発援助）の平和構築無償資金を活用しながら、カンボジア北西部3州で小型武器の回収に取り組み、これまでに合計1万８０８丁の小型武器を回収しています（http://www.bigpond.com.kh/users/adm.jsac/）。

下の写真は回収した約２５００丁の武器を地域住民の前で焼却処分したカンボジアでの式典ですが、約千名の住民の他、カンボジア政府関係者、州知事、カンボジア警察関係者などが参加し、国が平和に向かっていることを住民の心に訴える機会となりました。日本小型武器対策支援チームはこれまでに5度の小型武器破壊式典をカンボジア政府と共催しています。

また、日本紛争予防センターのスタッフは、カンボジアの各村をバイクで訪問し、村の公共施設（寺、学校など）で小型武器の危険性、違法性を説き、住民からの自主的な武器の供出を促しています。日本紛争予防センターが実施する小型武器回収キャンペーンでは、回収した小型武器の数に応じて、その見返りとして村人の希望する井戸などを建設しています。

（http://www.jccp.gr.jp/jpn/index.htm）

カンボジアでの小型武器破壊式典の様子（写真提供：日本小型武器対策支援チーム）

インターバンドによる除隊した兵士への支援

小型武器を回収し、子ども兵を除隊させていく活動とともに、除隊した大人の兵士たちが社会復帰するための支援もとても重要な取り組みです。除隊しても、住む家や仕事がなければ、ふたたび、軍隊や犯罪などに関わってしまう恐れがあるからです。

たとえば、日本のNGOであるインターバンド*は、カンボジア国軍を除隊した兵士の生活再建事業をバッタンバン州で実施しています。障害を負った除隊兵士の家族に毎月約3千円の支援金を半年間提供するというものですが、ただ、資金提供するだけでなく、現地スタッフが一緒になって家族の生活改善に取り組んでいます。

2002年、ぼくたちがカンボジアで出会った除隊兵士は地雷によって片足を失い、その後インターバンドの支援によって、自動車のパンク修理の店を開きました。店といっても粗末なビニールシートの掘っ立て小屋でしたが、

＊（特活）インターバンド：日本のNGO。世界各地で起こっている紛争地や紛争の可能性のある国々へ赴き、その背後にある根源的原因（rootcauses）を分析し、その地域で活動するNGOと協力して解決に当たる。また国際社会に早期警報（early warning）を発し、紛争を予防することを活動の目的としている。主な活動地域は、カンボジア、東ティモール、コソボ、バングラデシュ、スリランカ、パキスタン、ルワンダ。http://www.interband.org

翌年訪れるとトタン屋根に変わっていました。5人の子どもたちも学校に通えるようになり、家にテレビが入ったことを喜んでいました。このように除隊兵士が二度と武器に頼らないでも、安心して生活できる仕組みをつくることが、小型武器が市場に出回ることを防ぐためには重要です。

インターバンドが支援している除隊兵士。5人の子どもたちを抱える彼の生活に少しずつ見通しが立ってきた

ウガンダではじめての「小型武器破壊式典」(05年９月)

不法に流入し軍や警察などに貯蓄されていた約3000丁の銃が積み上げられ、焼却された。小型武器問題の深刻さと解決に向けての力強いメッセージを発信するセレモニーとなった。10年前には、「小型武器を破壊する？　なんじゃそれは？　何を考えてるんだ！」と政府から言われた市民・NGOの地道な努力が、またひとつ実を結んだ瞬間。おなじNGOの人間として感慨深いものがあった——ウガンダにて小川真吾。

第10章　日本の私たちにできること

今、日本の国（政府）にできること

①「子どもの権利条約／選択議定書」の署名・批准を呼びかける

日本が取り組めることは、まだ「子どもの権利条約」の選択議定書（武力紛争への子どもの関与に関する取り決め）に署名・批准していない国々に、呼びかけることです。

「子どもの権利条約／選択議定書」では子どもを兵士にしてはいけない年齢を18歳未満としています。

日本は2004年に批准しましたが、まだ署名・批准をしていない国々に署名・批准を呼びかける必要があります。子ども兵が多く確認されているアジアやアフリカの国々に対して、日本はたくさんの支援をおこなっていますので、それらの国々に影響力があります。この議定書は子ども兵をなくすために大きな力を発揮します。

②小型武器規制のリーダーになる

子ども兵が増える原因の一つである小型武器を規制することは非常に大切です。私たちの国には「武器輸出三原則」という約束ごとがあります。日本国内で作られた武器を外国に輸出しないことで、日本製の武器で人びとの命を奪うことがなかったのです。これはとても意味があることです。武器をたくさん輸出している国々が、武器を規制しようといっても、その言葉が信用されるでしょうか。武器を輸出していない国が呼びかけるから説得力があるのです。それが道徳的・倫理的な強さです。

今、「武器輸出三原則」を見直そうとする動きが強まっています。ノーベル平和賞を受賞し、発展途上国の軍縮問題に取り組んでいるアリアス元・コスタリカ大統領は「武器輸出三原則」の見直しについて、「日本は優れた製品を数多く他国に輸出している。そんな国がさらに武器を他国に輸出する必要があるのでしょうか」と話しています。武器輸出をしていないことは、とても強い立場なのです。私たちはそんな自分たちの方針に自信を持ってよいのです。

もともと、日本は小型武器軍縮に熱心な国です。「武器貿易条約」に率先

子ども兵・小型武器問題に取り組む日本の団体（50音順）

（社）アムネスティ・インターナショナル日本事務所
〒101-0052
東京都千代田区神田小川町2-12-14
晴花ビル7F
TEL：03-3518-6777
URL：http://www.amnesty.or.jp/
Mail：info@amnesty.or.jp

（特活）アフリカ平和再建委員会
〒160-0004
東京都新宿区四谷4-6-1
四谷サンハイツ511号室
TEL：03-3351-0892
URL：http://www.arc-japan.org/
Mail：info@arc-japan.org

（特活）インターバンド
〒160-0004
東京都新宿区四谷4-6-1-511
アフリカ平和再建委員会内
TEL：03-3351-0892
URL：http://www.interband.org/
Mail：info@interband.org

して賛同し、条約が実現するように、他の国々に働きかけることができるはずです。

小型武器を規制することと同時に、自分たちの国の軍事費のあり方を見直す必要があります。日本の軍事費は世界第3位で444億ドルもあります。この約3分の1の金額で、世界中の通常兵器・小型武器を回収して廃棄する費用をまかなうことができます（120億ドル）。小型武器を輸出しないだけでなく、小型武器を含めた軍備を小さくしていくこと（軍縮）を率先して私たちが進めていくことが大切です。

今、私たちにできること

私たち一人一人が、子どもたちを兵士にしないためにできることは何でしょうか。小型武器を規制するために何ができるのでしょうか。

（特活）オックスファム・ジャパン
〒110-0005
東京都台東区上野5-3-4
クリエイティブOne秋葉原ビル7F
TEL：03-3834-1556
URL：http://www.oxfam.jp/
Mail：info@oxfam.jp

地雷廃絶日本キャンペーン
〒110-0015
東京都台東区上野5-3-4
クリエイティブOne秋葉原ビル6F
TEL：03-3834-4340
URL：http://www.jcbl-ngo.org/
Mail：banmines@jca.apc.org

（特活）テラ・ルネッサンス
〒600-8191
京都府京都市下京区五条高倉
角堺町21-403
TEL：075-741-8786
URL：http://www.terra-r.jp
Mail：contact@terra-r.jp

（特活）難民を助ける会
〒141-0021
東京都品川区上大崎2-12-2

①子ども兵や小型武器のことに関心を持とう

まずは子ども兵や小型武器に関する事実を知ることから始まります。今まで日本には関心を持つ人が少なく、そのため情報もあまり伝わることがありませんでした。けれども、ここ数年、日本のNGOが子ども兵について現地調査に行ったり、新聞やテレビにも子ども兵のことが取り上げられるようになりました。新聞やテレビ、そしてインターネットで子ども兵や小型武器のことを知ることができます。巻末の参考図書を図書館で探して読むのも良いでしょう。また、NGOが子ども兵や小型武器についての講演会や写真展、イベントを開いていることもあります。NGOの事務所にメールや電話で問い合わせてみましょう。

②友達、家族に話してみよう

いろんな事実を知ったあなたは「子ども兵や小型武器の問題を解決するために私にも何かできるかな」って思うようになるかもしれません。

そんなとき、まず、最初に周りの人に一つでもいいから事実を話してみましょう。友達、恋人、家族……。あなたの大切な人にぜひ伝えてください。

ミズホビル7F
TEL：03-5423-4511
URL：http://www.aarjapan.gr.jp/
Mail：aar@aarjapan.gr.jp

(財)日本国際協力システム
〒104-0053
東京都中央区晴海2-5-24
晴海センタービル5F
TEL：03-6630-7870
URL：http://www.jics.or.jp/
Mail：jics@jics.or.jp

(特活)日本紛争予防センター
〒162-0802
東京都新宿区改代町26-1
三田村ビル203
TEL：03-5579-8395
URL：http://www.jccp.gr.jp
Mail：tokyo@jccp.gr.jp

(特活)ネットワーク「地球村」
〒530-0027
大阪市北区堂山町1-5-405
三共梅田ビル
TEL：06-6311-0309
URL：http://www.chikyumura.org

きっと周りの人たちはいそがしすぎて、子ども兵や小型武器のことなんて興味がないかもしれません。でも、あなたの話がきっかけで、少しでも関心を持ってくれたら……。そんなふうに一人一人が伝えていくことで、子どもを兵士にするのは止めよう！　小型武器を規制しよう！　とする声が大きくなっていきます。

③ＮＧＯのメンバーになろう

今、日本でも多くの市民団体（ＮＧＯ）が小型武器を規制したり、子ども兵をなくすための取り組みをおこなっています。これらのＮＧＯは現場で被害者の支援活動や、また国内で子ども兵や小型武器問題の情報を提供するなど、さまざまな活動をおこなっています。例えば、小型武器にかんしては、さきほど紹介した「コントロールアームズキャンペーン」や地雷問題などに取り組む「地雷廃絶日本キャンペーン」が、ホームページ上で情報提供をしたり、日本政府への提言活動などをおこなっています。

私たち「テラ・ルネッサンス」はウガンダ北部などでの元子ども兵たちへの支援活動を実施していますが、子ども兵にかんする取り組みだけでもさま

Ｍａｉｌ：office@chikyumura.org

参考になるウェブページ

スモールアームズサーベイ
http://www.smallarmssurvey.org/

外務省
http://www.mofa.go.jp

IANSA（国際小型武器行動ネットワーク）http://www.iansa.org/

武器規制キャンペーン
http://www.controlarms.org/

国連
http://www.un.org/

ストックホルム国際平和研究所
http://www.sipri.org/

ざまな活動があります。たとえばアフリカ平和再建委員会は「ストップ子ども兵アクション」というキャンペーン活動を展開しています。また地雷問題で先駆的な取り組みをしてきた「難民を助ける会」も、小型武器や子ども兵問題の啓発を始めています。

こういったＮＧＯの活動は、ほとんど一般市民からの寄付や会費で運営されています。あなたが寄付をしたり、メンバー（会員）になることで、元子ども兵の社会復帰や地雷被害者を減らす活動に役立てることができるのです。まずは、いろいろなＮＧＯの情報を集めて、自分が支援したいと思う団体を探すことから始めてみましょう。

④あきらめずに「一歩」を踏み出し続けよう

子ども兵の現状を考えたとき、問題が大きすぎて何も変わらないのでは、と絶望してしまうことがあるかもしれません。また、自分ひとりの力に無力感を感じるときがあるかもしれません。しかし、どんな時もあきらめずに一歩を踏み出すことが大切です。

実は、そう言う、ぼくたち自身も、これまで5年間ウガンダの元子ども兵たちを支援してきて「もう無理だ」とあきらめそうなことが何度もありました。そんなときに、あきらめない勇気、一歩を踏み出し続ける大切さを教えてくれたのが支援していた元子ども兵たちでした。その一人、元子ども兵の少女ラクワナさん（仮名）が社会復帰に向けて歩んだ例を紹介します。

彼女は13歳の時に誘拐されて8年間、反政府軍の兵士として徴兵されてきました。軍にいる間に強制結婚させられ、子どもを産まされたうえ、銃撃戦で肋骨を打たれ貫通するという大けがをしました。

8年経って、子どもを連れてようやく町に帰ったとき、彼女の両親はすでに死亡していました。家族と離ればなれだった間、唯一の希望にしていた両親との再会も果たすことができなかったのです。それどころか、近隣の住民からは、彼女が反政府軍にいたという理由で、「人殺し」とののしられ、「お前は人を殺すように訓練されているから、一生変わらない！」などと言われることもありました。私たちがはじめて対面したときの彼女は、本当に絶望のどん底にいるようでした。

そんななか、彼女への社会復帰支援が始まり、1年くらい経った頃からようやく前向きに将来のことを考えられるようになってきました。そして「洋

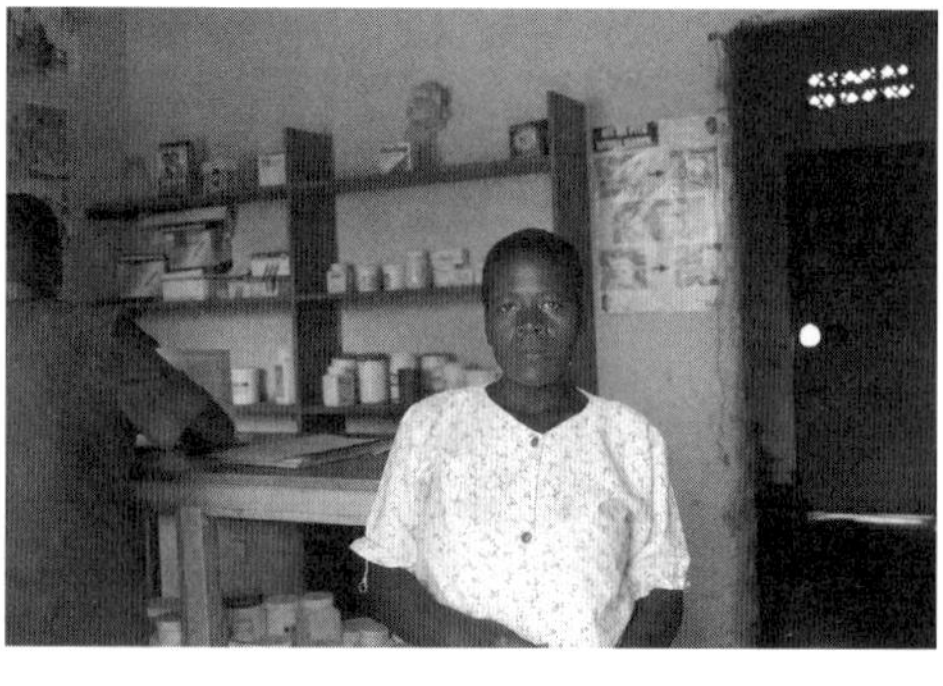

心と体に大きな傷を負って帰還し、社会復帰支援を開始した頃の元少女兵ラクワナさん

裁店を開きたい」という夢を語ってくれるようになりました。新しいパートナーとも出会い、結婚することができ、心から愛する男性との子どもも授かりました。しかし彼女は過去に受けた銃弾のせいで胸を患い、片方の乳房の一部を切断しなければなりませんでしたが、もう片方の乳房で子どもにミルクを与え、育児にもまじめに取り組みました。その間も病院に通いながら、毎日施設で職業訓練などに励みました。

支援開始から1年半を過ぎたころには、字を書くことも読むこともまったくできなかった彼女が、母国語の読み書きと多少の英語を話せるようになり、洋裁や小規模のビジネスをする技術を身につけることができました。2年が過ぎて、念願の洋裁店を路上にオープンすることができ、以前は1000円ほどしかなかった月の収入が約1万5千円（現地の高校教員の給与以上）にまで上がりました。幸せな日々が続いていた矢先、彼女の家が火事で全焼し、財産をすべて失ったのです。さらに、最愛の子どもを病気で亡くしてしまうという悲しい出来事が重なりました。それがきっかけでまた過去のつらい記憶に苦しむ時期が続きました。

しかし、それからしばらくして彼女はこう言いました。「自分には新しい

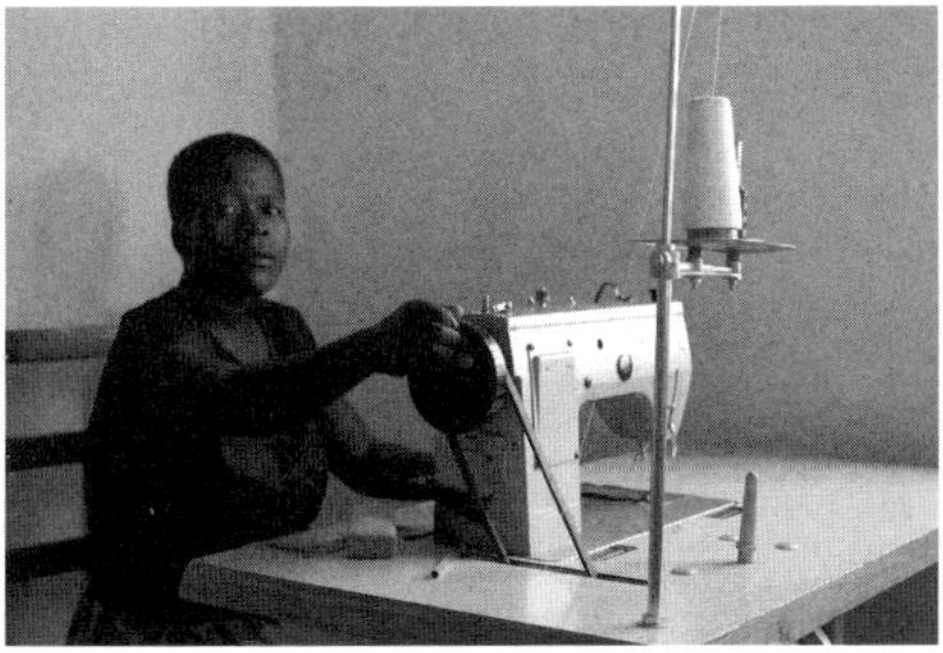

ラクワナさんはテラ・ルネッサンスが運営する社会復帰センターで洋裁の職業訓練を受け、自分の店を持つことを夢見るようになった

夢ができた。それは自分が行けなかった学校に、今生きているこの子どもを通わせること。そして大学まで行かせたい。その夢のために自分はもう一度がんばってみる」。そして彼女は村でドーナツ店を開き、コツコツと働き始めたのです。ゼロから収入を得るために大きな一歩を踏み出した彼女は、今では月収も1万円近くまで上がり、貯まった貯金で再び洋裁店を開くことができています。夫とともに村で農業も始めました。近隣の住民との関係も改善され、今ではお互いに子どもの面倒を見合ったり、食べ物がない時には近隣の住民と助け合ったりしています。

彼女のこの3年間の生き様に大きな希望を与えてもらった私たちは、今も子ども兵の問題に絶望感を感じることはありますが、一歩一歩できることを続けていこうという思っています。みなさんも、どんなに大きな問題にだと感じても一歩を踏み出す勇気を忘れないでください。そして、何度立ち止まってもいい、だけど、また次の一歩を踏み出し続けてほしいと思います。そうした勇気が集まれば、世界規模の大きな問題もいつか解決する日が来ると思います。

ドーナツ店を開き生活再建に再チャレンジしているラクワナさん。現在は、新しい夢を抱き、最愛のパートナーと共に安定した生活を送っている

⑤国会議員に手紙を書いてみよう

「子どもを兵士にしないで……」。あなたの地域から選ばれた国会議員に手紙を書いてみましょう。「武器貿易条約に賛同して、日本を武器を規制する活動のリーダーにしてください」「子どもを兵士に使った人を裁く国際刑事裁判所条約に日本も参加してください」「武器輸出三原則を変えないでください」など、あなたの思いや願いを伝えてみませんか。

子ども兵や小型武器の問題を知らなかった国会議員が、あなたの手紙、メールで、動き出すかもしれません。どんな仕事もそうですが、子どもたちを幸せにすることが国会議員の使命です。きっと、あなたの願いを受け止めてくれるでしょう。

■国会議員への手紙（例文）

はじめてお便りします。
私は○○県○○市（町・村）にすむ中学○年生の○○○○といいます。
私は本や○○で、初めて子ども兵や小型武器の問題について知りました。

同じ子どもとして、子どもたちが武器をとって戦う社会を変えるために、ぜひ○○さんに次のことをお願いしたいのです。

(1)武器貿易条約の早期実現に向け、日本が国際社会でリーダーシップを発揮するようにしてください

(2)子どもを兵士に使った人を裁く国際刑事裁判所規程に日本も参加してください

(3)武器輸出三原則を変えないでください

すべての子どもが平和に暮らせる社会に、私も暮らしたいです。○○さんの子どもさんも同じことを願っているのではないでしょうか。子どもを守る大人の一人として、ぜひ頑張ってください。

■あて先

■衆議院議員の場合

〒100-8981 東京都千代田区永田町2-2-1 衆議院第1議員会館

〒100-8982 東京都千代田区永田町2-1-2 衆議院第2議員会館

■参議院議員の場合

〒100-8962 東京都千代田区永田町2-1-1 参議院議員会館

＊あなたの選挙区の国会議員の名前は調べてください。クラスで手紙を書くのもよいかもしれません。

各地で子ども兵の実態や武器の被害を知らせる写真展が開かれている

⑥講演会、写真展、自分の得意なことを活かしてみよう

あなたの地域に住んでいる人びとに、子ども兵、小型武器の問題を知ってもらうために、講演会や写真展を企画してはいかがでしょう。きっと参加した人たちは、「こんな問題があるなんて知らなかった」「私にも何かお手伝いできないかしら」っていってくれるはずです。

私たちの友達に柴田知佐さんという高校生がいます。柴田さんは小学5年生のときに学校で地雷のことを勉強し、地雷をなくすために私に何ができるのだろうと考えて、大好きなマンガで地雷のことを周りの人びとに伝えようとしました。そして、完成したのが「ノーモア地雷」です。このマンガは多くの日本人に、とくに子どもたちに地雷のことを伝え、地雷をなくす活動に取り組むきっかけとなりました（参照：http://www.masayo.org/jhome/chisa/）。

考えるとたくさんアイデアが出てきます。写真展、募金活動、署名活動、パレード、平和をテーマにした作文・絵画コンクールに子ども兵・小型武器をテーマに応募する……いろいろなことがあなたにはできます。

小型武器や子ども兵の問題に関わるために、さまざまな方法があります。あとはみなさんが関わろうとする意思を持つことです。

「ノーモア地雷」

帰国報告会で

『この地球の
おなじ時代に生きる子どもたちが、
安心して生活できるように、
地球人として、
人間として、
いま、あなたにできることから始めてください！』

引用・参考文献

①小型武器サーベイ "Small Arms Survey 2002", Oxford university press (2002,03,04)

②アムネスティ・インターナショナル、オックスファム・インターナショナル "Shattered Lives -the case for tough international arms control", 2003

③マリー・カルドー "Global civil society -an answer to war-", Polity press, 2003

④セーブ・ザ・チルドレン "Children Not Soldiers", The Save the Children Fund, 2001

⑤ロバート・J・ホルトン "Globalization and the Nation-State", Macmillan & St.Martin,s Press,1998

⑥アムネスティ・インターナショナル、オックスファム・インターナショナ

ル、国際小型武器行動ネットワーク（IANSA）"Guns or Growth" 2004
⑦ジョン・クラーク "Globalizing Civic Engagement" Earthscan Publications Ltd, 2003
⑧『過酷な世界の天使たち』（同朋舎、１９９９年）
⑨『世界の子ども兵』（ラッシェル・ブレット、マーガレット・マクリン著、渡井理佳子訳、新評論、２００２年）
⑩『戦略的平和思考』（猪口邦子、ＮＴＴ出版、２００４年）
⑪『地球白書２００２-０３』（クリストファー・フレイヴィン編「途上国の長期化する資源紛争の構造」マイケル・レナー、２００２、家の光協会）
⑫『地球白書２００２-０３』（クリストファー・フレイヴィン編「グローバル・ガバナンスを再構築する」ヒラリー・フレンチ、２００２、家の光協会）
⑬『地球白書２００５-０６』（クリストファー・フレイヴィン編「水不足がもたらすグローバル・インセキュリティー」２００５、家の光協会）
⑭『利潤か人間か』（北沢洋子、コモンズ、２００３年）
⑮『ＷＴＯ徹底批判！』（スーザン・ジョージ著、杉村昌昭訳、作品社、２００２年）

⑯『国境を越える市民ネットワーク』（目加田説子、東洋経済新報社、２００３年）

⑰『SMALL ARMS紛争と小型武器』（外務省、軍備管理科学審議官組織、２０００年）

⑱『劣化ウラン弾――湾岸戦争で何が行われたか』（国際行動センター・劣化ウラン教育プロジェクト、新倉 修訳、日本評論社、１９９８年）

⑲『GUIDE to JICA』（国際協力機構ＪＩＣＡ）

⑳『戦争をしなくてすむ世界をつくる30の方法』（田中優、小林一朗、川崎哲編、合同出版、２００３年）

㉑『夜間逃行を強い達れるウガンダの子ども達（山田しん、週刊金曜日No.５１０号、２００４年６月４日号）

㉒『マンガ版劣化ウラン弾』（藤田祐幸、山崎久隆監修、白六郎作画、合同出版、２００４年）

㉓『人道的介入』（最上敏樹、岩波新書、２００３年）

㉔『小型武器よさらば』（柳瀬房子、小学館、２００４年）

㉕『地球環境ガバナンス』（ヒラリー・フレンチ、家の光協会、２０００年）

㉖『暴走する世界——グローバリゼーションは何をどう変えるのか』(アンソニー・ギデンズ著、佐和隆光訳、ダイヤモンド社、2001年)
㉗『グローバリゼーション地球文化の社会論』(R・ロバートソン著、阿部美哉訳、東京大学出版会、2001年)
㉘『グローバル化シンドローム——変容と抵抗』(ジェームズ・H・ミッテルマン著、田口富久治他訳、法政大学出版局、2000年)
㉙『もう一つの世界は可能だ——世界社会フォーラムとグローバル化への民衆のオルタナティブ』ウィリアム・F・フィッシャー・トーマス・ポニア編、加藤哲郎監修、日本経済評論社、2003年)
㉚『世界の半分が飢えるのはなぜ』(ジャン・ジグレール著、たかおまゆみ訳、合同出版、2004年)
㉛『戦争をやめさせ環境破壊をくいとめる新しい社会のつくり方』(田中優、合同出版、2005年)

あとがきにかえて

子ども兵の現状と小型武器による被害は、私たち日本人の想像をはるかに超えるほど深刻で悲惨なものです。しかし、これらの問題の原因は私たちと無関係ではありません。むしろ、問題の背景にある貧困や武器取引、資源紛争などを考えると、先進国に住む私たち自身が問題の根本原因になっているといえるかもしれません。

だからこそ、私たちにはできることがたくさんあり、問題を解決する力と可能性を持っているのです。

ぼくたちがウガンダで出会った子どもたちの多くは、絶望的な体験をしていました。それでも、わずかな希望でも捨てず、自分の夢を語ってくる子どもがいました。

今、私たち日本人にとって大切なことは、世界や自分の周りで起こる問題がどんなに深刻で絶望的なものだとしても、解決への希望を持ち続けることです。一人一人には無限の可能性があることを知ることです。きっと、その人にしかできないかけがえのない役割があるはずです。

ウガンダで出会った子どもたちの中でもとりわけ印象に残っているのは17歳の少年、オイェット君（仮名）です。彼は2003年、銃を向けられ殴る蹴るの暴力を受けながら強制連行され、神の抵抗軍の兵士にされ、戦わされてきました。その彼が「自分には世界中を旅するという夢がある」と言うので、その理由を聞いてみました。

「今、世界中で起こっている争いはきっとお互いのことをみんな知らないからなんだ。ぼくが戦ってきた紛争も、神の抵抗軍と政府軍がお互いのことを理解しようとしないから起こったんだ。ぼくは世界中を旅していろいろな人たちのことをもっと知りたい……。ぼくたちのことをもっと世界中の人に伝えたい。

もし、みんながそうやって、お互いのことを知り、いろいろな考えを理解しあえば、きっとぼくたちが戦ってきたような戦争は終わると思うんだ」

子ども兵として、誘拐され、暴力や虐待、裏切り、人殺し、争いが当たり前の世界にいた少年が、こんなにも純粋な心で世界の平和のことを、夢見て生きようとしている。

「人間というのはどれだけ絶望的でつらい体験をしても、自ら変わろうとする能力がある」。ぼくたちは心の底から感じました。

世界中の人びとが子ども兵・小型武器の問題を解決するためにさまざまな活動をしています。国際会議の場で活躍する人たち、現地で支援活動するＮＧＯや若者たち、この問題を多くの人たちに伝えようとするメディアの人たち、募金活動をする学生や子どもたち……。

どんな活動であれ、その人の立場でできることはたくさんあります。もっとも大切なことは、オイェット君がいっていたように「お互いのことを理解しあうこと」だと思います。それは、紛争で戦っている人たち同士が和解するということだけでなく、この問題に取り組む私たち自身が、それぞれのやり方や考え方を尊重し、同じ目的に向けて活動している他の人たちを理解し認め合っていくことです。

互いの違いや考え方を批判しあうのではなく、互いの多様性を認め合い、共通の目的に向けてその人やその団体にしかできない大切な役割があるということを理解することです。私たち市民が、さまざまな違いを超えて、国境を越えて協力しあえば、きっとこの問題を解決することが可能だと、ぼくたちは信じています。これからも、さまざまな人たちと協力していければと思います。

この本を読んでくださった方々が、何か一つでも行動を起こすきっかけになれば幸いです。すべての始まりは一人からです。

まずは自分が始めること。

そのことで周りや世界が変わっていきます。そうして、今が変われば、きっと未来も変わっていくでしょう。

いつか、子どもたちが武器や爆撃を恐れずに伸びやかに育つ未来を想像しながら、できることを共に始めていきましょう。

鬼丸昌也　小川真吾

鬼丸昌也（おにまる・まさや）

認定NPO法人テラ・ルネッサンス理事・創設者。

1979年、福岡県生まれ。立命館大学法学部卒。

高校在学中にアリヤラトネ博士（サルボダヤ運動創始者／スリランカ）と出逢い、『すべての人に未来をつくりだす能力がある』と教えられる。

2001年、初めてカンボジアを訪れ、地雷被害の現状を知り、「すべての活動はまず『伝える』ことから」と講演活動を始める。同年10月、大学在学中に「全ての生命が安心して生活できる社会の実現」をめざす「テラ・ルネッサンス」設立。

2002年、（社）日本青年会議所人間力大賞受賞。地雷、子ども兵や平和問題を伝える講演活動は、学校、企業、行政などで年100回以上。遠い国の話を身近に感じさせ、一人ひとりに未来をつくる能力があると訴えかける講演に共感が広がっている。

小川真吾（おがわ・しんご）

認定NPO法人テラ・ルネッサンス理事長

1975年、和歌山県生まれ。学生時代、インドでマザー・テレサのご臨終に遭遇したことをきっかけに、国際協力の道を志し、青年海外協力隊員としてハンガリーに赴任。

2005年より、テラ・ルネッサンス、ウガンダ駐在代表として、ウガンダ及びコンゴ民主共和国における元子ども兵士社会復帰事業などに取り組む。

2011年、6年間のウガンダ駐在を終え、理事長就任。現在、ブルンジ共和国を拠点に海外事業を統括。

主な著書『ぼくらのアフリカに戦争がなくならないのはなぜ』（合同出版、2011年）、「アフリカ人の「選択の自由」を尊重する援助とは？——元子ども兵の社会復帰支援から潜在能力アプローチの可能性を探る」（上村雄彦編『グローバル協力論入門——地球政治経済論からの接近』法律文化社、2013年）など。

【連絡先】

認定NPO法人テラ・ルネッサンス

〒600-8191　京都府京都市下京区五条高倉角堺町21　jimukinoueda bldg. 403

TEL/FAX　075-741-8786

URL　http://www.terra-r.jp　メール　contact@terra-r.jp

カンボジア・ラオスでの地雷や不発弾処理支援、地雷埋設地域の生活再建支援、ウガンダ・コンゴでの元子ども兵社会復帰支援、ブルンジでのレジリエンス向上支援活動などを実施。また、日本国内では、平和教育（学校や企業向けの研修）や、岩手県大槌町を中心に、被災者支援活動を展開。

独立行政法人国際交流基金「地球市民賞」、京都オムロン地域協力基金「ヒューマンかざぐるま賞」、第4回「自由都市・堺平和貢献賞」、一般社団法人倫理研究所「地球倫理推進賞」。

写真・資料提供＝ジェーン・グドール・インスティチュート、（特活）インターバンド、日本小型武器対策支援チーム、（特活）テラ・ルネッサンス、JANSA、JICA、猪口邦子、阪本瑞恵、山田しんのみなさま

本文の絵=ウガンダの子どもたち

＊P.123～P.126脚注の連絡先は2020年3月26日現在のものです。
＊上記以外の本文・脚注掲載のURLは刊行当時のものです。

ぼくは13歳　職業、兵士。
あなたが戦争のある村で生まれたら

2005年11月30日　第1刷発行
2020年 4 月30日　第12刷発行
著　者　鬼丸昌也＋小川真吾
発行者　坂上美樹
発行所　合同出版株式会社
〒101-0051　東京都千代田区神田神保町1-44
電　話　03（3294）3506
振　替　00180-9-65422
ホームページ　http://www.godo-shuppan.co.jp/
印刷・製本　新灯印刷株式会社

■刊行図書リストを無料進呈いたします。　■落丁乱丁の際はお取り換えいたします。

ISBN978-4-7726-0344-7　NDC302　210×148